纺织服装高等教育
"十四五"部委级规划教材

# FASHION COLOR DESIGN
# 服装色彩设计

### 第四版

陈彬　夏俐　编著

东华大学出版社·上海

## 内容简介

色彩是现代服装设计一个重要形式，完美的色彩设计能提升服装美感，诠释设计内涵。本书共分九章，从色彩基本知识、色彩与视觉心理，到色彩在服装设计中的具体搭配，包括所涉及的形式美原则、整体设计、流行色，内容具有时代感。全书内容采用实例阐述，图文并茂，分析介绍详尽细致，既有理论铺垫，又兼具实用性和可操作性。本书可作为服装类高等院校色彩课程的教材，也可作为服装企业技术人员和服装设计爱好者自学的参考书籍。

**图书在版编目（ＣＩＰ）数据**

服装色彩设计/陈彬,夏俐 编著. —4版. —上海：
东华大学出版社，2022.3
  ISBN 978-7-5669-2013-3

Ⅰ.①服…  Ⅱ.①陈…  ②夏…  Ⅲ.服装色彩—
设计  Ⅳ.TS941.11

中国版本图书馆CIP数据核字（2021）第252061号

**装帧设计** / 比克设计

**责任编辑** / 杜亚玲

# 服装色彩设计（第四版）
FUZHUANG SECHAI SHEJI (DI SI BAN)

陈彬　　夏俐　　编著

出　　　　版：东华大学出版社（上海市延安西路1882号，200051）
出版社网址：http://dhupress.dhu.edu.cn/
天猫旗舰店：http://dhdx.tmall.com
出版社邮箱：dhupress@dhu.edu.cn
营销中心：021-62193056　　62373056　　62379558
印　　　刷：上海当纳利印刷有限公司
开　　　本：889 mm×1194 mm　　1/16　　印张：7.5
字　　　数：264千字
版　　　次：2022年3月第4版
印　　　次：2023年6月第2次印刷
书　　　号：ISBN 978-7-5669-2013-3
定　　　价：48.00元

# 第一章
## 色彩的基本知识

# 01

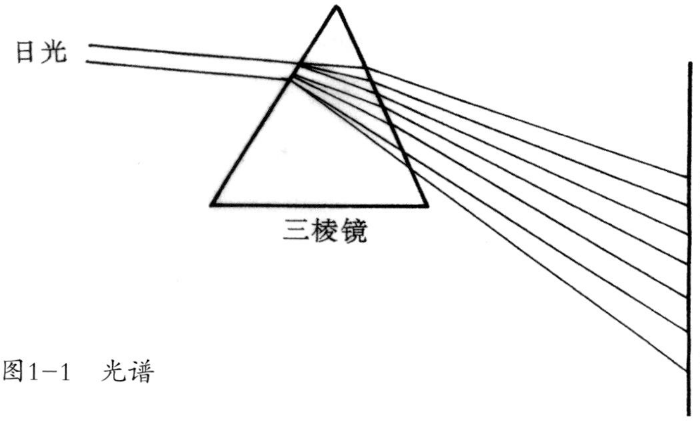

图1-1　光谱

## 一、色彩的产生

色彩的产生是由于光照射物体时，物体本身对光线有反射或吸收的能力，反射的光刺激人眼，并通过视神经传递到大脑，最终在大脑中形成对色彩的感受。可见光、物体和人的视觉器官是形成色彩的三个条件。光是产生色彩的外部因素，光的存在使我们感受色彩成为可能。物体是产生色彩的基本要素，色彩赋予物体以不同外观，物体色彩的呈现离不开光与视觉的关系。

### 1、光源

光源是构成色彩最基本的条件，用波长来表示，不同波长的光线有着不同的色彩倾向。光源分自然光源和人工光源两大类，太阳光是主要的自然光源，灯光是主要的人工光源。环境光是物体表现出各种色彩的外在原因。一般情况下界定颜色都有一个默认的前提，即这种色彩是在白色的光线下（一般是在日光下）呈现出来的。日光是一种包括了从波长最短的紫色到波长最长的红色在内的所有可见光的混合光，如果将一束白光（太阳光）引入暗室，通过三棱镜折射到白墙上，可发现在墙上显现出一道彩虹般的色带，即光谱，这是1666年英国物理学家牛顿（I·Newton1642-1727）研究出的分解光的实验结果，它以红、橙、黄、绿、青、蓝、紫顺序排列。将此七种不同波长光的色光以聚光透镜聚集，此时色彩重新变成为白色，这说明太阳光是由七种不同波长色光混合而成，其中红光波长最长，光频最低，光能最

少，但折射率最小。而紫色波长最短，光频最高，光能最强，折射角度最大（图1-1、表1-1）。

表1-1　色光波长表

| | |
|---|---|
| 长波长 | 红：780nm—610nm |
| | 橙：610nm—590nm |
| 中波长 | 黄：590nm—570nm |
| | 绿：570nm—500nm |
| 短波长 | 青：500nm—450nm |
| | 紫：450nm—380nm |

### 2、视觉

世界由具有千变万化色彩的物体构成，而我们所看到的色彩只是物体色彩的一部分，这是因为不同的物质对各种波长的光线具有不同的反射和吸收能力，而色光也有不同的折射率。不透明物体或颜料在受到光线照射时，会将一部分特定波长的光线吸收掉，而反射出其余的光线，这些被反射出来的光线混合起来就形成了我们所看到的物体色彩。

大自然的景色五彩斑斓，色彩千变万化，这都是物体反射和吸收光的能力在起作用。比如人眼看到蓝色是因为这种物质只反射蓝色光线而将其它光线一概吸收；红色的花朵是因为它吸收了白色光中的其它所有色光，而仅仅反射红色。而无彩的黑白色是物体对光线全部反射或吸收的特例。煤炭呈现黑色是因为它将能色光全部吸收，而不反射任何颜色；白雪能将光线全部反射，在日光下就显现出白色，在有色光线下则会呈现出与光线颜色一致的色彩。

因为生活中有许多光线环境并非白色，比如荧光灯偏蓝紫色，白炽灯偏暖黄色；另外还有很多彩色的灯光，譬如霓虹灯等。例如，将白光下呈现绿色的物体放在红色光线下，完全没有绿色光线的成分，那么这种物体就会因为没有可以反射的绿色光线而只能呈现出黑色。因此，从这个意义上来讲，物体的颜色只是相对存在，色彩并非物体的固有属性。所谓的物体固有色这一概念，来源于物体固有某种反光能力以及外界条件——环境光的相对稳定，例如树叶呈现出恒定的绿色，是因为每天受到含有绿光的阳光照耀且只能反射绿光的原因。

## 二、色彩的混合

色彩的混合即是将两种或两种以上的颜色混合在一起，构成与原色不同的新色。通常可归纳为三大类：加色混合、减色混合、中性混合。

### 1、加色混合

即色光混合，其特点是把所混合的各种色的明度相加，混合的成分越多，混合的明度就越高。将红、绿、蓝三种色光作适当比例的混合，几乎可以得到光谱上全部的色。这三种色由其他色光混合无法得出，所以被称为色光的三原色。红和绿混合成黄，绿和蓝混合成青，蓝与红混合成品红。混合出的黄、青、品红为色光的三间色，如用它们再

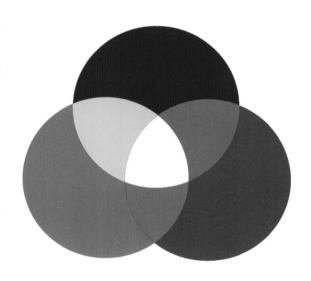

图1-2　加色混合

与其他色光混合又可得出各种不同的间色，全部色光则混合成白色光。当不同色相的两色光相混成白色光时，相混的双方可称为互补色光（图1-2）。

### 2、减色混合

减色混合通常指物质的、吸收性色彩的混合。其特点正好与加色混合相反，混合后的色彩在明度、纯度上都有所下降，混合的成分越多，混色就越暗越浊。这是因为，在光源不变的情况下，两种或两种以上的颜色混合后，相当于白光中减去了各种颜料的吸收光，而剩余的反射光就成为混合后的颜料色彩。混合后的颜色增强了对光的吸收能

力，而反射能力则降低。所以参加混合的颜色种类越多，白光被减去的吸收光也越多，相应的反射光就越少，最后呈近似黑灰的颜色。减色混合分颜料混合和叠色两种。

（1）颜料混合

平时生活中使用的颜料、染料、涂料的混色都属此列。将物体色品红、柠檬黄、青三色作适当比例的混合，可以得到一切颜色。这三种色无法由其它色混合得出，所以被称为物体色的三原色。三原色分别两两相混，得出橙、黄绿、紫称为三间色，它们再分别混合可得棕、橄榄绿和咖啡色，称为复色。三种颜色一起混合则成灰黑色。科学家认为人眼所能分辨的色彩超过17000种（图1-3）。

（2）叠色混合

指当透明物叠置从而得到新色的混合。与颜料混合一样，透明物每重叠一次，可透过的光量会随之减少，透明度下降，且所得新色的色相介于相叠色之间，并更接近于面色（面色的透明度越差，这种倾向越明显），叠出新色的明度和纯度同时降低。双方色相差别越大，纯度下降越多。但完全相同的色彩相叠出的新色之纯度却可能提高（图1-4）。

## 3、中性混合

中性混合包括旋转混合与空间混合两种。中性混合与色光混合类似，也是色光传入人眼在视网膜信息传递过程中形成的色彩混合效果。中性混合与加色混合的原理一致，但颜料和色光不同，加色法混合后的色光明度是参加混合色光的明度总和，而颜料在中性混合后明度等于混合色的平均值，既不像加色混合那样越混越亮，也不像减色混合越混越暗，且纯度有所下降。混合过程既不加光，也不减光，因此称为中性混合。

（1）旋转混合

将几种颜色涂在圆形转盘上，并通过使之快速回转而达到各种颜色相互混合的视觉效果。这样混合起来的色彩反射光快速地同时或先后刺激人眼，从而得到视觉中的混合色，此种色彩混合被称为旋转混合。如旋转

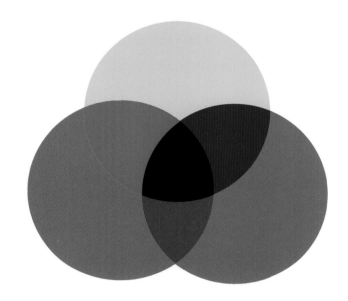

图1-3　减色混合

图1-4　叠色混合

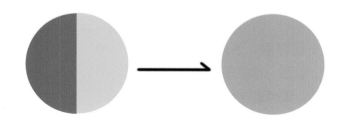

图1-5　红和黄的色纸经旋转后，可以看到橙色

红和黄的色纸，可以看到橙色（图1-5）。

（2）空间混合

将两种或两种以上的颜色并置在一起，通过一定的空间距离，在人视觉内达成的混合，称空间混合，又称并置混合。其颜色本身并没有真正混合，而是必须借助一定的空间距离。

将两种颜色直接相混所产生的新色与空间混合所获得的色彩感觉是不一样的，空间混合与减色混合相比明度显得要高，近看色彩丰富，效果明快响亮，远看色调统一，容易具有某种调子的倾向性，富有色彩的颤动感和空间的流动感。变化混合色的比例，可使用少量色得到配色多的效果。

色彩并置产生空间混合效果是有条件的：一是用来并置的基本形，排列得越有序，越密集，形越细，越小，混合的效果越明显。二是观者距离的远近，空间混合制作的画面，须在特定的距离以外才能产生视觉效果。用不同色经纬交织的面料属于并置混合，其远看有一种明度增加的混色效果。印刷上的网点制版印刷，用的也是此原理。法国后期印象派画家的点彩风格，就是在色彩科学的启发下，以纯色小点并置的空间混合手法来表现，从而获得了一种新的视觉效果。

## 三、色彩的三属性

大千世界里，五彩缤纷，色彩多到难以计数。但是，尽管千变万化，却都离不开两大范围，即色彩学中的色彩分类：一是无彩色，即黑、白、灰，也称之没有色彩的颜

色，这是相对而言的，在服装配色中，无彩色通过与其它色彩的相互组合同样具有重要的色彩地位。二是有彩色，相应称之有色彩的颜色，如红、橙、黄、绿、青、蓝、紫等，这些颜色通过与黑和白的不同程度的混合就产生无数的有彩色。

认识色彩，学习色彩，须从了解色彩的性质开始，即色相、明度和纯度，这就是通常称为的色彩三属性。

### 1、色相和色相环

色相顾名思义就是色彩的相貌、长相，它是色彩的最大特征，它是色彩的一种最基本的感觉属性。在人类最初使用色彩时，为了使其区分，对每一种颜色都有"约定俗成"的称呼，因此就有了我们色彩体系中的红、橙、黄、绿、青、蓝、紫等无数相貌的色彩。

将可视光谱两端闭合即形成色相环，其中红、橙、黄、绿、青、紫六色组成了色彩的基本色相，在色相环上通过把纯色色相等距离分割，形成6色相环，12色相环、20色相环、24色相环、40色相环等，在12色相环上，可以清楚分辨出色相的三原色（红、

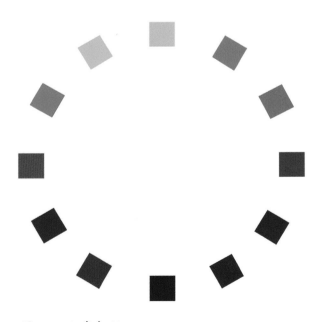

图1-6　12色相环

黄、蓝）以及衍生出的间色（橙、绿、紫）和复色。24色相环、36色相环、48色相环等的制作也采用这种方法（图1-6）。

## 2、明度

明度即色彩明暗深浅的差异程度，它是那种使我们可以区分明暗层次的非彩色觉的视觉属性。这种明暗层次取决于亮度的强弱。在可见光谱中，由于波长的不同，黄色处于光谱的中心，最亮，明度最高；紫色处于光谱边缘，显得最暗，明度最低。

同一种色彩，也会产生出许多不同层次的明度变化。如深红与浅红，深蓝与浅蓝，含白越多，则明度越高；含黑越多，则明度越低。在无彩色系中来比较，则明度最高的是白色，明度最低的是黑色，同样在黑白之间也会产生各种不同深浅的灰色（图1-7）。

## 3、纯度

纯度是色彩的饱和程度或色彩的纯净程度，它是那种使我们对有色相属性的视觉在色彩鲜艳程度上作出评判的视觉属性，又称为彩度、饱和度、鲜艳度、含灰度等。它是色彩含灰多少的反映，纯度越高，色彩越鲜艳，含灰越少；反之，纯度越低就越浑浊，含灰也越高（图1-8）。

## 四、原色、间色、复色、补色

### 1、原色

原色亦称第一次色，即指能混合成其它色彩的原料。红、黄、蓝这三色被称之为三原色，这三种颜色是调配其他色彩的来源。

### 2、间色

间色亦称第二次色，是两种原色调合产生的色彩。如红+黄=橙、黄+蓝=绿、红+蓝=紫等。

图1-7　明度的位置和名称　　　　图1-8　纯度的位置和名称

### 3、复色

复色亦称第三次色，是一种原色与一种或两种间色相调和或两种间色相调合的色彩即是复色。

### 4、补色

补色又称互补色。三原色中的一原色与其它两原色混合成的间色关系，即互为补色的关系，如原色红与其它两原色黄、蓝所混合成的间色绿，为互补关系。黄色和紫色（红色与蓝色的混合色）、蓝色和橘色（红色与黄色的混合色）也是同样道理。红与绿、黄与紫、橙与蓝构成12色相环上最基本的3对互补色关系（图1-9）。如果色相环颜色增加至24、48、72等，那么成互补关系的色彩对数随之增加到12、24、36等。

图1-9　补色

## 五、色调

色调是指色彩的基本倾向，是色彩的整体外观的一个重要特征，是色相、明度、纯度三要素综合产生的结果。

色调的分类，按色相可分为红色调、黄色调、绿色调、蓝色调等；依据明度分为亮色调、灰调、暗色调。依据纯度可分为清色调、浊色调等；依据色彩的冷暖可分为冷色调和暖色调（图1-10）。

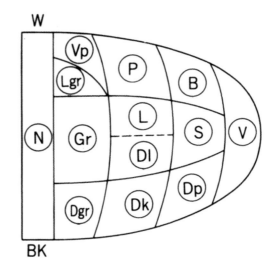

| 色调名称 | 英文名称 |
|---|---|
| 抢眼色调，最强的色调 | Vivid(V) |
| 强烈色调，最鲜艳的色调 | Strong(S) |
| 鲜明色调，明亮清澄的色调 | Bright(B) |
| 明亮色调，明亮稳定的色调 | Light(L) |
| 淡色，明亮的淡色调 | Pale(P) |
| 明亮的淡色，非常明亮的淡色调 | Very pale(Vp) |
| 亮灰色，明亮的灰色调 | Light grayish(Lgr) |
| 灰色调 | Grayish(Gr) |
| 浅暗色，暗淡稳定的色调 | Dull(D) |
| 深色，深浓的色调 | Deep(Dp) |
| 深暗色，偏暗的重色调 | Dark(Dk) |
| 暗灰色，偏暗的灰色调 | Dark grayish(Dgr) |
| 无彩色调，黑、白、灰无彩色调 | Neutral(N) |

图1-10　色调的位置及名称

## 六、色彩的种类

人类视觉所能观察到的色彩从宏观上可分为有彩色系和无彩色系两大门类。

### 1、有彩色系

有彩色即色彩具有色相、明度、纯度三种属性。在可视光谱中，红、橙、黄、绿、青、蓝、紫为基本色，通过这些色彩不同程度的混合，产生出无数的色彩，都属于有彩色系范畴。

### 2、无彩色系

无彩色不具有色相和纯度，只有明度变化的色彩，基本色是黑白，通过黑白色调合形成各种深浅不同的灰色系。

## 七、色立体

色彩的三属性是相互依存，相互制约，三位一体的，具有三维空间关系。这种关系以平面的形式是难以说明的，只能借助于三维空间，采用旋转直角坐标的方法，以立体的形式，即所谓"色立体"表现。色立体通常是纵轴表示明度等级，一段表示白色，另一段表示黑色，中间段落为由浅至深的过程。横轴表示纯度等级，外段是纯色系，中点处为纯色和灰的混合色，中间段表示由纯色至混合色的混合过程。北半球为明色系，南半球为暗色系，赤道线表示色相环的位置，球表面是纯色和以纯色加黑或白形成的清色系，球内部为纯色加灰后形成的浊色系。与中心轴垂直的圆直径两端色彩为补色关系。纵剖面形成了等色相面，横剖面形成等明度面（图1-11）。

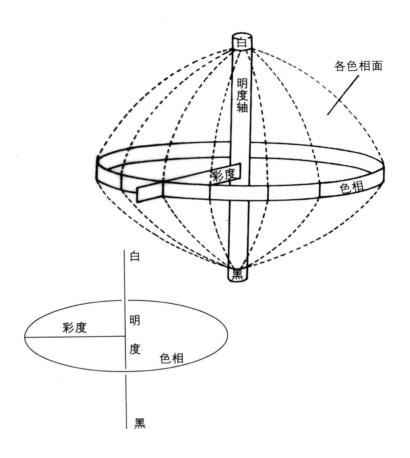

图1-11　色立体构架示意图

色彩体系即是将色彩按一定的尺度进行归纳和创造并形成整体性、体系性。常用的色彩体系有蒙赛尔色彩体系、奥斯瓦尔德色彩体系和日本PCCS色彩体系等。

## 1、蒙赛尔色彩体系(Munsell Colour System)（图1-12）

由美国色彩学家艾尔伯特·蒙赛尔（Albert H Munsell，1858-1918年）于1905年发表，最初用于辅助教学，后经美国光学会（O.S.A）修改，成为改良型蒙赛尔色彩体系。目前广泛用于产业界。

在蒙赛尔色彩体系中，色相以H（HUE）表示，色相环选择了红(R)、黄(Y)、绿(G)、蓝(B)、紫(P)5个主要色相，中间色相为黄红(YR)、黄绿(YG)、蓝绿(BG)、蓝紫(BP)、红紫(RP)。色相环分为10个色区，每个主要色相又细分为10个色阶，如红(R)标为1R，2R……10R，这样共有100个色相刻度。其中，刻度5或5的倍数的色相为主要色相，用作标准色，又叫正色，如5R是红色，为主要色相（正红），2R则是接近红紫的红色，8R表示接近黄红的红色。10个色阶又各自分为2.5、5、7.5、10共4个色相编号，形成40个色相，色相排列顺序则是按光谱色作顺时针方向系列排列。

蒙赛尔色彩体系与早期的色立体结构相似，明度级差位于中轴，颜色依次排列在以此为轴心的色相环上，纯度由内向外逐步增高，直至纯色。中心轴为黑—灰—白的明暗系统，以此作为备有彩色系的明度标尺。黑为0级，白为10级，中间1~9级是等分明度的深浅灰色。无彩色的黑、灰、白组成的中心轴以N为标志，黑以B或BL、白以W为标

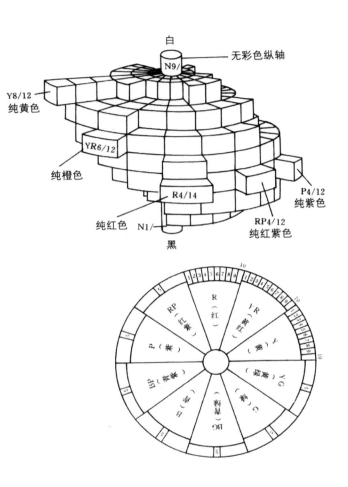

图1-12　蒙赛尔色彩体系

志。自中心轴至外围的横向水平线（与中心轴垂直）构成了纯度轴，以渐变的等间隔分为若干纯度色阶等级，中心轴纯度为0，横向越接近外围，其纯色就越高（图1-13）。

蒙赛尔体系的表述方法是以色彩属性为基础，其色彩记号是色相、明度/纯度（HV/C）。由于各色相的明度、纯度值不一，即与中心轴水平距离长短不等，形成不规则的球体形状。

10个标准色相的纯色标识符号是：红—5R4/14、黄—5Y8/12、绿—5G5/8、蓝—5B4/8、紫—5P4/12、黄红—5YR6/12、黄绿—5YG7/10蓝绿—5BG5/6、蓝紫—5BP3/12、红紫—5RP4/12。

## 2、奥斯瓦尔德色彩体系（Ostwald Colour System）（图1-14）

威尔黑姆·奥斯瓦尔德(Wilhelm F Ostwald，1853-1932年)是一位德国化学家，1909年曾获诺贝尔化学奖。他于1921年出版了《奥斯瓦尔德色谱》，发表了独创的色彩体系。奥斯瓦尔德色立体以龙格模型为基础，采用四种原色，在红色、黄色和蓝色之外又添加绿色作为生理四原色。24级差色相环的采用则提供了更多等分可视级差。奥斯瓦尔德认为色彩可分为相关色(related colour)与非相关色(unrelated colour)。发光体自行产生色光，为非相关色。物体表面的颜色因反射光而来，为相关色。他采用色相、明度、纯度三属性，构建出奥斯瓦尔德色彩体系。

奥斯瓦尔德色立体为组合两个正圆锥体的构造，其截面为白、黑、纯色为顶点的三角

11

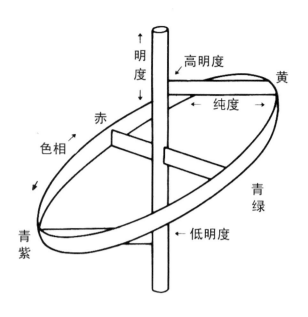

图1-13　蒙赛尔色立体

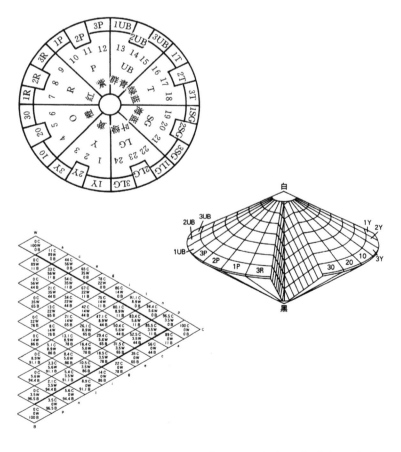

图1-14　奥斯瓦尔德色彩体系

形。色相环位于圆周，色立体的中轴是非彩色明度级差，轴顶为白色，轴底为黑色。纯色位于复圆锥体表面，并进行明度变化，由圆周到顶部明度依次增高，变为浅色，由圆周到底部明度依次降低，变为暗色（图1-15）。

奥斯瓦尔德色相环由24个等色相三角形组成，每个三角形共分为28个菱形，每个菱形都附以记号，用以表示该色标所含白和黑的量，如某纯色色标为nc，n是含白量5.6%，c是含黑量44%，其包含的纯色量为：100-（5.6+44）=50.4%。色相环直径两端互为补色关系，如红与绿、黄与蓝，中间加入色相后，以黄、橙、红、紫、群青(UB)、绿蓝(T)、海蓝(SG)、叶绿(LG)为8个基本色相，各色相又3等分，形成24色相，按顺时针方向自黄至叶绿以1~24的编号标定各色相。

奥斯瓦尔德色彩体系的明度中心轴定为8级，分别以a、c、e、g、i、l、n、p表示。每个字母均表示一定的含白量和含黑量：a的含白量最高，含黑量最低；p的含黑量最高，含白量最低。各色在表示上包含色相号码、白色量、黑色量三个部分，例如深咖啡色为5pl，即色相5，白色成分3.5，黑色成分91.1，纯色成分5.4。

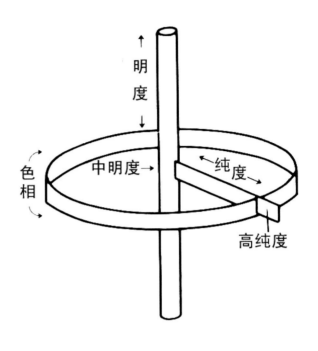

图1-15　奥斯瓦尔德色立体

### 3、日本PCCS色彩体系

PCCS色彩体系是日本色彩研究所研制，于1965年在日本正式发行，它是以美国蒙赛尔色彩体系、德国的奥斯瓦尔德色彩体系为基础，综合其长处和模式改良再发展的。

该色立体的明度色阶位于色立体的垂直中心轴。黑色设为10，白色为20，其中有9个阶段的灰色系，共有11个等级。

PCCS色彩体系最大的特点是将色彩的三属性关系，综合成色相与色调两种观念来构成色调系列。从色调的观念出发，平面展示了每一个色相的明度关系和纯度关系，从每一个色相在色调系列中的位置可以明确地分析出色相的明度、纯度的含量。整个色调系列以24色相为主体，分别以纯色系、清色系、暗色系、浊色系等色彩关系构成九组不同色彩基调。设定为：纯色调、明色调、中色调、暗色调、浊色调、明灰调、中灰调、暗灰调。

# 02

第二章
服装色彩与视觉心理

# 一、服装色彩综述

服装设计的三要素为面料、色彩、款式。当服装呈现在观众面前，衣服色彩对视觉认知的传达速度最快，所以这三要素中首先映入眼帘的就是色彩。人们对服装色彩的日益重视，可以说是人类爱美天性与物质、精神文明相结合所形成的一种表征。色彩作为服装美学的重要构成要素，将其适当地搭配处理就成了服装设计中的主要任务之一。就服装设计而言，色彩是视觉中最具感染力的语言，适当的色彩效果不仅会改变原有的色彩特征及服装风格，产生新的视觉效果，还会体现出人物的精神风貌甚至时代特色（图2-1）。

服装色彩的设计，包括对组成服装的色彩的形状、面积、位置的确定及其相互关系之间的处理，根据穿着对象特征所进行的色彩的综合考虑与搭配设计。一方面，服装整体诸要素的搭配，如上下衣，内外衣、衣服与鞋、帽、包等配饰、面料与款式、衣服与人、衣服与环境等，它们之间除了形、材的配套协调外，最终的整体表现效果都要通过色彩的对比或调和，如主次、多少、轻重、进退、浓淡、冷暖、鲜灰等关系体现出来；另一方面，服装色彩是通过服装来表现的，服装造型直接影响到色彩的表现，色彩的传达效果又离不开面料的肌理，服装色彩设计无法被孤立地从服装造型或材质中抽离，而是应当和服装整体所要传达的意念保持协调一致。服装色彩还要受到流行趋势、穿着对象和环境场合等诸多因素的影响，对服装色彩的研究跨越了物理学、心理学、设计美学、社会学等多个

图2-1　在服装设计的三要素中，首先跃入眼帘的是色彩

学科，因此服装色彩设计是一项复杂的工作。服装色彩本身也有其特性。

## 1、时代性

一个时代有一个时代的风貌，每一时代的流行都会留着逝去年华的遗迹，也会绽放未来风格的萌芽，但总会有某种风格为该时代的主流。作为风格的一个组成部分，服装色彩能恰如其分展现这一时代特征，橘黄、嫩黄、果绿代表着20世纪60年代精神，炭黑、深灰是80年代职业女强人的最佳诠释。

服装色彩的时代特征有时笼罩着极强的政治色彩，如2001年纽约发生"9·11"事件后，及时行乐和世界末日两种情绪充斥着服装界，所以T台上出现了格调欢快、色彩热烈的波西米亚风格，同时也出现了格调沉闷、神秘、恐惧色彩的哥特风格。

服装色彩有时标志着同时期的科技与工

业发展水平，工业化的快速推进使人们对色彩的观念发生了根本的改变。1961年4月前苏联宇航员加加林乘坐"东方1号"宇宙飞船进入太空，完成人类历史上首次载人宇宙飞行。紧接着1969年7月20日，美国宇航员阿姆斯特朗和奥尔德林乘"阿波罗11号"宇宙飞船首次成功登上月球。这两大事件使银河系、宇航员等成为设计师的灵感，在T台上刮起了闪光的金属色彩旋风。

此外，服装色彩在某些时期同样也受社会文艺思潮、道德观念等诸要素影响，并受其审美意识制约，如20世纪60年代波普艺术形式流行，带动了波普风格服装的兴起，带有视觉流动感的色彩成为设计主旋律（图2-2）。

## 2、象征性

色彩的象征性是指色彩的使用牵涉到与服装关联的民族、时代、人物、性格、地位等因素。色彩在传统意义上具有强烈的象征意义，如秋天的橘黄色和春天的嫩绿，这类象征具有普遍性。此外色彩的象征性还具有国家、地域的局限性，如色彩往往是民族精神的象征，但不同的民族有不同的色彩崇拜，从各国的国旗色彩即可体会出各国对色彩的喜好，德国的黑、红、黄国旗即表达了日耳曼民族理智沉着的秉性，相反法国的红、白、蓝国旗则将法兰西热情奔放的民族性格显露无遗。色彩的象征含义随着时间的推移也会发生相应变化，这取决于观赏者欣赏口味的改变。

服装色彩是穿着者个性、品位的最好体现，不同的个性皆由不同的服装色彩表达，并形成强烈的象征性，如红色服装代表着炽热、奔放，蓝色服装代表着冷静、果敢。此外，一些特殊性质服装其色彩往往带有很强的象征性，如婚纱一般采用白色，象征着纯

图2-2　融入20世纪60年代波普风格特征的色彩设计

洁、无瑕。相反作为丧葬用的黑色则是凝重、深沉的表现。

## 3、流动性

服装与服装色彩的载体是充满了生命活力的人，他们从早到晚不停地运动着，服装色彩会随着人的活动而进入各种场所，与那里的环境色彩共同构成特有的色调和气氛。服装色彩设计中将穿着的地点、环境作为设计构思的一个方面，以流行色彩的形式体现出来。

同时色彩本身也具有流动性，表现为流行色。流行色真正含义在于其不确定性，并随着时间的变化而变化，每年都有新的流行色推出，这些色彩是在前季流行基础上经调研、研究后得出。虽然短时间色彩变化幅度较小，但在一段长时间内可以发现流行色彩的明显变化。

## 4、审美性

服装上的色彩并不具有真正"掩形御寒"的实用功能，而是对爱美人们的心灵传递，设计师运用形式美理论，将色彩巧妙搭配组合，使人产生愉悦的心情。人类开始使用色彩大约在 15 至 20 万年以前的冰河时期，早期人类有意识地使用红土、黄土涂抹自己的面部和肢体，也涂染劳动工具。据考证，人类对色彩使用首先基于审美上的装饰效果。如今服装色彩所产生的视觉效果和精神作用更为明显，它是人们的审美观念和价值取向的直接反映。

每种色彩在服装上都具有不同的审美特征，能展现不同的视觉效果。例如粉红色最具女人味，体现纯真、柔美，所以适用于婚纱，旨在营造浪漫氛围；而黄色具有欢快、自由的审美特征，因此适合运动风格服装表现；烟灰色高雅、脱俗，用于职业女性服装别具一格（图2-3）。

## 5、功能性

服装色彩的功能性体现在某些特殊行业的特殊需求，即通过色彩运用增强其识别性，使之一目了然。例如，海上救生衣采用醒目的橘红色，以明显区别周遭的环境色彩；医院的护士服采用柔和洁净的白色或粉色调，起到静气宁神的作用，俗称"白衣天使"；我国邮递员穿的绿色是邮政专用标志，同时象征和平、青春、茂盛和繁荣。

不同的厂矿企业、宾馆、饭店都有不同的色彩作为企业标识，这已成为现代企业形象和企业文化的一种体现，不同的服装色彩能传递出各自不同的企业形象，如 UPS 快递的鲜黄色、肯德基快餐的大红色、星巴克咖啡的墨绿色等。

图2-3　适合职业女性穿着的灰色调

## 6、季节性

一年四季，冷暖交替，刺激着人们生理与心理的相应变化，服装色彩也随着季节的更替而不断变化：春夏季阳光明媚，百花齐放，此时服装色彩以明亮艳丽的居多，如粉色调和各类纯色；而秋冬季气候趋于严寒，色彩多偏向中性、灰暗或暖调的服色。

正因四季气候变化使设计师有了表现天地，一年春夏和秋冬两季的发布会往往成为流行风向标，其中色彩又是流行变化的主要表现。

## 7、宗教性

色彩与宗教紧密相连，各具特色的宗教对服装色彩产生了深远的影响力，宗教的不同教义既体现在建筑、室内装饰、日用对象，也反映在服装颜色使用上。

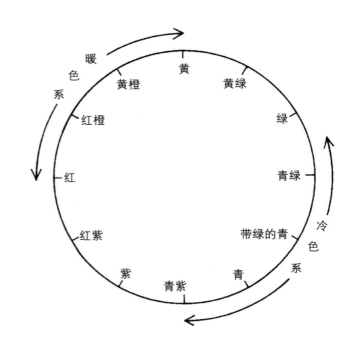

图2-4 暖色和冷色在色相环上的布局

# 二、服装色彩与视觉心理效应

　　服装色彩的视觉心理感受与人们的情绪、意识以及对色彩认识有着紧密关联，不同的色彩给人的主观心理感受也各异，但是，人们对于色彩的本身的固有情感的体会却是趋同的。

## 1、色彩的冷暖感（图2-4）

　　色彩的冷暖感主要是色彩对视觉的作用而使人体所产生的一种主观感受。如红、橙、黄让人联想到炉火、太阳、热血，因而是暖感的；而蓝、白则会让人联想到海洋、冰水，具有一定的寒冷感。其中橙色被认为是色相环中最暖色（图2-5），而蓝色则是最冷色。此外，冷暖感还与色彩的光波长短有关，光波长的给人以温暖感受；而光波短的则反之，为冷色。在无彩色系，总的来说是冷色，灰色、金银色为中性色；黑色则为偏暖色调，白色为冷色。在具体服装设计中，色彩的冷暖感应用很广。例如，在喜庆场合多采用纯度较高的暖色，夏季服装适用冷色调，而冬季服装色彩则多用暖色。总之，应该根据实际要求来调节冷暖感觉，掌握色彩的性能和特点。

## 2、色彩的进退感

　　在几种色彩相混合的平面中，我们常感觉它处于一个跃动的立体中，有的色突出，有前倾趋势，有的则使人感到隐退，这是色彩在相互对比中给人的一种视觉反应。一般来说，红、橙、黄暖色系的色彩具有扩张性，是前进色；蓝色系为冷色，有收敛性，为后

图2-5 橙色最具暖意

退色（图2-6）。从明度角度讲，明亮色靠前，暗灰色后退。总的来说，暖色进，冷色远；亮色近，暗色远；纯色近，灰色远。

## 3、色彩的轻重感（图2-7）

同样的事物因色彩的不同会产生不同轻重感，这种与实际的重量不符的视觉效果称之色彩的轻重感。这种感觉主要来源于色彩的明度。明度高的色彩使人有轻薄感，明度低的色彩则有厚重感。如白、浅蓝、浅绿色有轻盈之感；黑色让人有厚重感。在服装设计中，应注意色彩轻重感的心理效应，如服装上白下黑给人一种沉稳、严肃之感；而上黑下白则让人觉得轻盈、灵活。

图2-6　蓝色系有后退感

图2-7　具有轻盈感和厚重感的配色设计

## 4、色彩的软硬感（图2-8）

与色彩的轻重感类似，软硬感和明度有着密切关系。通常说来，明度高的色彩给人以软感，明度低的色彩给人以硬感。此外，色彩的软硬也与纯度有关，中纯度的颜色呈软感，高纯度和低纯度色呈硬感。色相对软硬感几乎没有影响。在设计中，可利用此特征来准确把握服装色调。在女性服装设计中为体现女性的温柔、优雅、亲切，宜采用软感色彩，但一般的职业装或特殊功能服装宜采用硬感色彩。

## 5、色彩的兴奋与沉静感（图2-9）

色彩能给人兴奋与沉静的感受，这种感觉带有积极或消极的情绪。

积极的色彩能使人产生兴奋、激励、富有生命力的心理效应，消极的色彩则表现沉静、安宁、忧郁之感。色彩的兴奋与沉静感和色相、明度、纯度都有关系，其中纯度的影响最大。在色相中，具有长色光特性的红、橙、黄色给人以兴奋，具有短色光特性的蓝色系给人以安静之感，绿与紫是中性的。在具体设计中，婚庆、节日、典礼的服装色彩多用兴奋色，年轻人、儿童、运动服等多用鲜艳的兴奋色彩，老年人、医护人员常用沉稳的色彩。

图2-8　以高明度色彩组成的软感配色

图2-9　红色给人兴奋的感受

图2-10　明快与忧郁的色彩设计

图2-11　有光泽色彩能产生华丽的外观效果

## 6、色彩的明快与忧郁感（图2-10）

当我们步入万物葱郁的自然界中，心情会顿时充满轻快、舒畅；进入光线幽暗的房间便有忧郁不安之感，这就是色彩给予我们的明快忧郁感。明度和纯度是影响这种感觉的重要因素。无彩色中的白与其他纯色组合时感到活跃，而黑色是忧郁的，灰色是中性的。

## 7、色彩的华丽与质朴感（图2-11）

色彩可以给人以华丽辉煌之感，相反也可以给人以质朴平实感。纯度对色彩的这种感觉影响最大，明度色相则其次。总体而言，纯度高的色华丽，纯度低的朴素；明度方面，色彩丰富、明亮呈华丽感，单纯、浑浊深暗色呈现质朴感。在实际配色中，金银色虽华丽但可以通过黑白的加入，使其朴素；同样，如有光泽色的渗入，一般色彩也能获得华丽的效果。

## 8、色彩的膨胀与收缩感（图2-12）

色彩的胀缩与色调有关，暖色属于膨胀色，冷色属于收缩色。同样形状面积的两种色彩，如分属于暖色和冷色，则呈现出膨胀与收缩不同特征。此外色彩的胀缩与明度也有关，同样形状面积的两种色彩，明度越高越膨胀，明度越低越收缩。法国国旗设计即运用此原理，考虑到红白蓝三色具有不同的膨胀与收缩效果，设计师将三色具体比例定为红35、白33、蓝37，这样才有相同宽度的感觉。

## 三、色彩联想

罗丹在《艺术论》中说："色彩的总体要表明一种意义，没有这种意义就一无是处。"单纯色彩除了给人以生理反应和心理影响外，并不能引起感情上的共鸣。色彩只有与具体的形象、物体和环境联系在一起时，才能使人有联想的感受。研究服装色彩除了研究色彩本身的规律性外，更应关注色彩给人的心理联想，这是人的一种创新思维的方式。色彩的联想是靠人们对于过去的经验、记忆或知识而得到的。当我们看到某一色彩而联想到其他相关事物，并伴随着许多情绪化的现象，称之为色彩的联想。虽然各国政治、经济、文化、历史、宗教、习俗不同，对于色彩的心理反应有所差别，但是对于色彩的理解却有着共同的倾向。

图2-12 橘黄色腰带虽然很细，但极具视觉冲击力

色彩的联想分为两类：具象联想和抽象联想。具象联想是色彩使人想象到自然物界中与此色彩相关的事物，如红色让人联想到炽热的阳光、烈火、鲜血，这是具体联想，而红色又象征了热情、奔放、喜庆等情感，联想到旺盛的生命力则就是抽象联想。色彩、黑白灰及色调所引起的联想见表2-1~表2-3。

表2-1
色彩引起的联想

| | 特征 | 偏明亮 | 纯色 | 偏灰暗 | 色彩搭配 |
|---|---|---|---|---|---|
| 红 R | 在可见光谱中光波最长，视觉上有一种扩张感和迫近感，性格外露、热情、活泼、生动和富有刺激 | 个性柔和，属于年轻人的色彩，尤其受女性喜欢，使人联想到梦幻、快乐、放松、幸福、健康、婚姻、生命、春天、年轻、纯情、羞涩等 | 象征事物的繁盛，使人联想到太阳、火、血，是生命、热情、阳气、强烈、活力、希望、喜悦、幸福的象征意义 | 渐趋沉重和朴素的情感 | 红常常与无彩色搭配调和，红与其相反色如青绿色搭配，能发挥出最大程度的活力 |
| 橙 YR | 在可见光谱中波长仅次于红色，性格活泼、炽热、让人兴奋 | 使人联想到阳气、明朗、喜悦、希望、温柔、爱情、活力等 | 使人产生温暖感因明度较高、较显得明亮，有金属光泽感。是华丽、阳光、活力、运动、欢乐的表征，带有任性的色彩 | 心平气和的颜色，使人联想到丰收、古典、朴素、平静、威严、厚重等 | 与其他色彩搭配表现出年轻的感觉，与黑灰色搭配显得很精神，而与白色搭配则显得无力、低调 |
| 绿 G | 在可见光谱中波长居中，人们的视觉能适应绿色的光波 | 新绿、新芽、明快、爽朗、清凉感，使人联想到和平、希望、健康、安全、成长等 | 植物颜色，使人联想到和平、安慰、平静、柔和、知性、亲切、踏实、公平，带有孤独感 | 使人联想到平静、沉着、幻想、忧郁、深沉等显得老练和成熟 | 适合搭配白、灰、褐、灰棕、蓝等 |
| 黄 Y | 在可见光谱中波长居中，色彩中最亮，视觉上有一种扩张感和尖锐性，性格浮躁 | 给人成熟的感觉，使人联想到未来、不安定、兴奋、活跃、年轻 | 象征生命的太阳色和春天花朵色，黄金感，代表支配、权力的颜色，与愉快爽朗相反，象征卑劣、陈旧、病态、轻佻、冷漠、妒忌等 | 因明度差异而给人不同的感觉，有时觉觉沉闷、阴气、有时则也带有神秘感 | 受欢迎的程度高，中老年人穿此色显得精神焕发，年轻人则显得清新有活力 |

|  | 特征 | 偏明亮 | 纯色 | 偏灰暗 | 色彩搭配 |
|---|---|---|---|---|---|
| 黄绿 R G | 在可见光谱中波长居中，性格自然清新 | 给人未成熟感受，使人联想到嫩芽、新绿、小草、春天、牧场、原野、草地等 | 柔软而具有朴素感，是大自然的色彩，联想到生命和爱情 | 使人感到安定 | 青春感觉的色彩，稚嫩而活跃，属于年轻人的专利 |
| 蓝 B | 在可见光谱中波长较短，性格沉静、冷淡、透明、理智 | 年轻色彩的联想使人联想到活力、积极向上的感觉 | 使人联想到天空、大海所具有的崇高和深远，使人联想到希望、理想、真理、学问、悠久、沉着、冷静等 | 明度低的蓝色为老年人所喜爱，有遥远、宽广的感觉，深蓝带有忧愁，令人感到寂寞、阴暗、孤独 | 深蓝与白色搭配效果较佳，与其他色彩容易搭配，会因明度的差异而趋于协调 |
| 紫 P | 在可见光谱中波长最短，并且色相最暗，性格非常安静，表现出一种孤独感 | 使人联想到古典、高雅、晚霞、失望、温柔体贴等，属于宁静、安定的色彩 | 联想到高贵，古代帝王常用紫色以体现独一无二的地位 | 传统礼仪所采用的颜色，悲伤、迷信和不幸，是消极的色彩 | 紫色的明度的差异较大，淡紫色不宜配鲜艳的色彩，蓝紫色或紫红色可与冷暖变化的蓝色和红色相配，紫红和朱红、蓝紫与群青等搭配效果较佳，紫色与黄色搭配视觉明亮 |
| 红紫 R P | 在可见光谱中波长较短，性格温和、明亮 | 娇甜、年轻的色彩，使人想起幼稚、肤浅、轻率、个性、都市、理性、华丽感、性感等 | 属于积极的色彩，使人联想到皇冠、宫廷、权力以及虚荣、刺激、兴奋、高贵等 | 使用联想到平静、苦恼、忧郁、神秘、古典、浓厚、坚强等 | 与其他色彩搭配能体现出温柔、高雅、不凡的气质 |

表2-2
黑白灰的表征
和联想

|  | 特征 | 色彩效果 | | |
|---|---|---|---|---|
| 白 | 是必不可少的色彩，本身具有光明的性格特征。 | 光明、和平、纯真、恬静、轻快的印象<br>令人联想到善良、清洁、洁白、神圣、清晰感<br>与任何颜色都可互相搭配<br>与纯度高的色彩搭配能体现出年轻活力 | | |
| 灰 | 是白和黑的混合色，性格柔和、倾向性不明，本质无任何特点，明度高的灰具有白的性格，而明度低的灰具有黑的性格 | 给人平凡、消极的视觉印象；<br>令人联想到淡定、高雅、秋天感、温和、单纯、平静、羞涩<br>能搭配任何色彩。 | 高明度 | 春天感、稚嫩、甜美、年轻 |
| | | | 中明度 | 秋天感、温和、单纯、平静 |
| | | | 低明度 | 冬天感、朴素、抑郁、厚实 |
| 黑 | 无光，是消极性的色彩，能搭配任何色彩 | 给予人幽深的感觉，是黑暗的象征<br>令人联想到寂寞、严肃、恐怖、死亡、沉寂、强烈、神秘、悲观等<br>与纯度高的色彩、白色搭配能体现出青春前沿的感觉 | | |

表2-3
色调所引起的
联想

| 色调 | 联想 |
|---|---|
| 纯色调 | 兴奋、积极、动荡、浪漫、膨胀、伸张、外向、前进、华丽、自由 |
| 中明调 | 青春、律动、明快、愉悦、乐观、跃动、希望 |
| 明色调 | 清静、温和、风雅、简明、开朗、愉快、清澈、柔弱、浮动 |
| 明灰调 | 高雅、恬静、柔美、淡定、随和、朴实、沉着 |
| 中灰调 | 朴实、沉着、稳静、含蕴、安定、和谐、稳妥 |
| 暗灰调 | 浑厚、古雅、质朴、安稳、内涵、沉静 |
| 浊色调 | 中庸、悠闲、和谐、不偏不倚、安定、阴郁 |
| 中暗调 | 稳重、理智、孤立、傲慢、保守、严谨、尊贵 |
| 暗色调 | 深沉、坚实、冷酷、庄重、深邃、敏锐、威严 |

# 四、色彩的象征

色彩的象征与联想有着密切联系，当色彩联想内容达到共性反应，并通过文化的传承而形成固定的观念时，就具备了象征意义。色彩的象征内容并不是人们主观臆造的产物，而是人们在长期认识和应用色彩过程中总结形成的一种观念，并且依据正常的视觉和普通常识，慢慢形成一种约定俗成的共识。

但色彩的象征内容和象征意义并没有统一性和绝对性，这是因为政治、经济、文化、宗教、习俗不同所造成的文化差异及个人认知事物的不同，因此在不同区域，不同色彩象征的内容各异，这就使得象征内容有时具有多样性。我们祖先对色彩相当重视，在我国古代春秋战国时期就出现以阴阳和五行结合来解释宇宙所发生的万物变化，把青、赤、黄、白、黑与木、火、金、水对应起来。此外还将颜色与季节对应：春一青，夏一赤，秋一白，冬一黑。在服装方面，《诗经·邶风·绿》曾描述"绿兮衣兮，绿衣黄裳"。夏代尚黑，殷代尚白，周代尚赤。

在古代，中国就有用色彩来象征方位之说。如：红色代表着南方、黄色代表着中央、蓝色象征着东方、白色代表西方、黑色代表着北方。宗教艺术也用象征色来表示特定的内容和礼仪，如基督教节日的色彩是：红色为情人节；橙色表示万圣节前夜；茶色则是感恩节；红、绿为圣诞节；黄和紫色是复活节等。

图2-13　红色服装孕育着激情

## 1、红色（图 2-13）

红色是三原色之一，在所有颜色中红色是人们最早认识和命名的颜色。从物理学角度而言，红色是可见光谱中光波最长、振动频率最低的色彩，所以红色孕育着激情。

红色代表着阳光，意味着温暖。红色给人视觉以扩张感，能加速血液循环，给人以力量，所以红色象征着生命或革命，红旗首先出现在古罗马帝国军队中，凯旋时古罗马将军习惯用红色粉饰身体。红色是兴奋、温暖的色彩，火的象征，意味着热情激烈，代表着炽热的爱情。因与血的色彩相同，又表示为仇恨、斗争或死亡。红色代表力量，象征着积极向上，古代武士、19 世纪末之前的欧洲士兵以及具有革命性质的变革者都是衣着红色。红色是高贵的颜色，象征着权力，如欧洲国王加冕披风、红衣主教和高等法官穿的外衣都是紫红色，18 世纪英国用来捆绑官方档案的是红色丝带。

在中国，红色象征着吉祥、幸福、喜庆，是传统节日的色彩，俗称为"中国红"，如小孩都穿红色衣服、挂红灯笼、贴红门联等。中国传统色彩的五色体系将红色与黄色、青色（绿色和蓝色）、白色、黑色视为正色，在《论语·阳货》中，孔子将朱色视为正色，不可替代。在西方国家，红色调中深红色表示嫉妒与杀戮，恶魔的化身；红色表示为圣餐和祭祀；粉红色则象征着祥和、健康。

不同红色倾向外观感觉也不同。橘红色奔放、热烈；紫红色高雅、富贵；暗红色深邃、沉着；酒红色开朗、炽热；玫红色浪漫、华丽；桃红色既冶艳又端庄，充满了活力和魅惑情调。

图2-14 黄色服装醒目

## 2、黄色（图2-14）

黄色在色彩中最明亮，质感最轻，有着太阳般的光辉，象征着照亮黑暗的智慧之光，带有希望、积极、乐观向上的含义。黄色的明度比较高，是所有色彩中反光最强的，它比红色更加醒目，黄色在黑色底面下具有最佳远距离效果，具有较强的识别度，所以黄色在工业安全保障和交通指示中被广泛使用。鲜嫩的黄色有激励情绪、增强活力的作用。土黄色具有泥土味，是大地之色。金黄色是成熟的色彩，秋天的树叶、果实均是这种颜色。在古代罗马黄色是高贵的象征色。明亮的黄色与黄金相似，孕育着财富、权势、显贵。

黄色是中国人的肤色，在中国古代是中心色，是色彩之主，被称为"中和"之色，有"黄生阴阳"说法。黄色是黄土高原、黄河的象征色，代表着至高无上荣耀，自古即有"玄

黄，天地之因"之说，所以中国文化有黄色文明之称。在黄色系中，最明亮的黄色（明黄）在古时是除了佛家弟子，惟有历代帝王可专用色彩，皇帝所住宫殿以黄色居多，其中琉璃黄是历代皇家宫殿的专用色彩。天子的服装叫黄袍，其中的黄色代表着富丽、华贵。明黄色相应成为最高智慧和权力的象征，是至高无上的色彩。我国的古代文明被称为黄色文明。

不同黄色倾向外观感觉也不同，土黄色厚实、老练；柠檬黄明度、纯度均较高，具有视觉冲击力；橘黄色鲜亮，代表着年轻、朝气；黄绿色因有绿色的加入而稚嫩、清新；黄褐色明度、纯度明显偏低，显得深沉、冷静。

## 3、绿色（图2-15）

与其他混合色不同，绿色最具独立性，

它不易使人联想起它的起源色黄色和蓝色。绿色性格温和，被认为是一种中性色彩。绿色令人联想到植物色，从诞生、发育、成长、成熟、衰老直至死亡，整个过程伴随着绿色变化。绿色是大地赐予的色彩，所以最接近大自然。绿色预示着春天来临、万物复苏，所以它与生命联系在一起，在中国，绿色是长寿和慈善的象征色。绿色代表着希望，象征着新鲜、健康、和平、年轻、安全，交通信号灯中绿灯、绿色通道即有这种含义。绿色可使眼睛感觉舒适，缓解紧张的神经，具有镇静、安神作用，如赌桌铺的绿色毡子、绿色的手术服、厂矿用的机械。绿色是自由的色彩，意大利的绿、白、红三色国旗，绿色象征人类自由和平等的权利。绿色蕴含着财富，美钞颜色就是绿色。绿色还表示爱情，即妊娠之色，在欧洲用绿色服装作为结婚礼服，象征日后多产。而在日本，绿色则带有不祥之兆，忌讳使用绿色。

图2-15　绿色服装寓意着新鲜和活力

　　不同绿色倾向外观感觉也不同，橄榄绿具有深远、智慧的性质；青草绿、淡绿、嫩绿象征着青春和生命，充满了希望和活力；墨绿、灰绿、褐绿显得老练、稳重、成熟；粉绿细腻而生鲜；翠绿鲜艳夺目。

## 4、紫色（图2-16）

　　紫色在可见光中波长最短，是红色和蓝色的混合色，属于中性色彩，对视觉器官的刺激也较为一般。历史上由于提炼工艺复杂，紫色被认为是最珍贵的色彩，为贵族阶层专用。在古希腊，紫色是作为神秘仪式中祭神官的礼服色而出现的；在古罗马帝国只有皇帝、皇后和皇位继承人才有特权穿着紫色染成的披风。紫色代表着时尚、奇特、与众不同和冒险，由于少见，紫色甚至比红色更引人注目。紫色融入了感性与智慧、情感与理智、热爱与放弃，充满着矛盾，体现出一定的犹

图2-16　高贵的紫色小礼服

豫不决。

紫色在中国古代传统用色中具有非同一般的地位。由于伴有吉祥之气，紫色是许多帝王的专用色，其所住宫殿称为"紫宫"、"紫庭"、"紫禁宫"，所住区域称为"紫禁城"，所颁发文告称为"紫诏"。春秋战国时代的齐恒公就喜欢紫色，老百姓纷纷仿效，一时间紫色丝绸身价百倍。在汉朝官制中，紫色是贵人的绶带色。在唐代紫色为五品以上官服和皇家喜爱的色彩，为高雅之色。古埃及则将紫色象征大地。在西方国家，紫色象征着庄重、高贵，便有西方国家"紫色门第"之说。

不同紫色倾向外观感觉也不同，紫红色带有红色成分，鲜艳欲滴，独具青春活力；紫罗兰显得高傲，给人以孤芳自赏的印象；蓝紫色更多是深沉、冷静感觉。

## 5、蓝色（图2-17）

对于蓝色，歌德这样形容："裱糊成纯粹蓝色的屋子，看起来会有一定程度的宽大，但实际上显得空旷和寒冷。"蓝色是色谱中最冷的颜色，是蓝天的再现，是宇宙的颜色，代表着遥远和寒冷，所以具有扩张感，冷冻食品一般以蓝色作标志色。蓝色是被大多数人喜爱的颜色，具有深远、自信、稳重、踏实的性格。蓝色具有男性的特征：冷静、理智，给人以安全感，所以蓝色是沉着、忠诚的象征。蓝色由此还引申出严格、戒律，美国许多州均实施戒酒法，称之为"蓝色法令"。蓝色蕴藏着粗犷和纯朴，蓝色牛仔裤无疑最具代表。蓝色表现为平凡和一般，世界各地的工人因都穿着蓝色工作服而称为"蓝领"。与奋发向上的红色相比，蓝色带有压抑感，能

图2-17 稳重的蓝色晚礼服设计

产生消极和忧郁情绪，在音乐上表达这种意境的称为"蓝调"，听完易使人产生伤感。蓝色在凡·高的画作中具有无限幽深的内涵，是"丰富的蓝色"。明度较低的蓝色具备了一些黑色的特性，易与其他高纯度、高明度色彩陪衬。

蓝色在中华文明中独具特色，符合中华民族偏爱素雅、稳重的审美心理，青花瓷、蓝印花布、古代文人蓝色衣着等均传递着中国人对蓝色情有独钟，尤其是青花瓷上蓝色深邃、悠远，被西方世界称为"中国蓝（Chinese Blue）。传统的中山装色彩主要用色也是深蓝色。

不同蓝色倾向外观感觉也不同，天蓝色开阔、深远；宝蓝色具有非同一般的优雅和富贵感；蓝紫色带有紫色特征，神秘而深不可测；蓝绿色富有活力，具有与众不同的气质。

## 6、白色（图2-18）

在物理学意义上，白色不是一种色彩，它将无色的光分解成红色、橙色、黄色、绿色、蓝色和紫色的光，是所有光谱的总和。在色彩学上，白色是无彩色，最浅、最轻。在西方宗教中白色象征着神圣，是神灵的专用色，是神职人员的服装用色，是重大宗教节日，如圣诞节、复活节和圣母节等的主要用色。白色宁静、轻柔、温和、妩媚，代表着女性特性，具有古典主义审美倾向，古希腊的建筑、服饰均采用白色。白色给人以美好、和平、清净的联想，所以是护士、医生等的主要用色。白色寓意着爱情的圣洁、高雅、圆满，因此婚礼服多选用白色。白色代表着优雅、高档，并引伸出地位和身份的象征，从事银行、金融、保险等行业的人员因经常穿着白领衬衫而被称为白领阶层。

在中国古代文字产生以前的太极图上，白色和黑色分别代表阳、阴，表示阴阳合一。玉是中国传统文化中吉祥如意的象征，玉脂白色体现的是带有东方情调的审美特征。在东方国家白色也是丧礼的常用色，丧礼也称之为"白事"，白色是不祥之色，如白痴、白旗、白眼等。随着中西文化的相互交融，我国的众多年轻人正接受西方这一观念。

不同白色倾向外观感觉也不同，漂白偏冷色调，具有一丝寒意；本白则偏暖调，带有暖意；灰白显得苍凉而无力。白色易与其他色彩搭配，其中与黑色搭配色彩效果简洁明确、朴实有力，极具视觉冲击力。

## 7、黑色（图2-19）

黑色是不发光物体的颜色，这种物体吸收了所有的光线。在色彩学上，黑色是无彩色，最深、最重，世上最深的黑色是黑天鹅绒。俄罗斯画家康定斯基认为："黑色在心灵深处叩响，像没有任何可能的虚无，像太阳

图2-18  以"圣诞"为主题的D&G2006年秋冬设计充满了圣洁的白色

熄灭后死寂的空虚，像没有未来、没有希望的永久的沉默"。可以想象黑色给人带来的不同感受。黑色象征着神秘、恐怖、黑暗和死亡，如在西方社会中，黑色是教会的代表色、丧色和受难日的礼拜色，古罗马神学家的服装色彩选择黑色，塑造哥特风格首选黑色。黑色代表着谦逊，如基督教的修道士的服装色彩。黑色属于男性的范畴，它具有庄重、优雅的格调，在隆重场合着黑色西装、晚装和燕尾服独具风采。黑色是非常个性化的色彩，能让你感到意志坚定、自律。如果想给人留下深刻印象，黑色是最佳色彩，往往能表现出与众不同的穿着风貌，如20世纪70年代的歌星、朋克们的服饰色彩。黑色永远是流行色，无论与何种色彩搭配都适合，并起到衬托作用。黑色具有特别的高贵气质，一身黑色衣装更能使女性平添一丝魅力。

黑色在中国文化中是最重要的色彩之一。《易经》中说：天玄黄者，天地杂，天玄、地黄。至此就有"天玄地黄"之说。老子对黑色是这样描述："玄之又玄，众妙之门。"秦始皇在得天下后，崇尚了水的对应色——黑色。黑色与中国水墨画有必然的联系，凭借墨色浓淡深浅活生生再现和造化自然界。

不同黑色倾向外观感觉也不同，煤黑色明度最低，深不可测；偏红的黑色带有暖意，偏蓝的黑色带有冷感，偏灰的黑灰色则是中性。

## 8、金色（图2-20）

金色是光泽色，表面光泽四射，张力十足，属无彩色系一种。金色令人联想到黄金，所以金色往往代表着金钱、财富，意味着权势，另一方面金色有"暴发户"之嫌。金色是太阳的色彩，引申为升华、超凡的意境，因此在许多宗教中金色是神灵头上闪耀的光芒色。因为金子不氧化、不生锈，代表着久经考验的品德、友谊和真理，因此金色带有纯真、忠诚等含义。金色是美丽的属性，"黄金分割"比例代表着最完美、最理想的高度与宽度比。金色象征着高贵，欧洲宫廷服饰多以金色作为面料与装饰点缀色彩。

# 五、色彩心理因素

## 1、服装色彩心理的社会因素

由于诸多社会客观因素，人们对于色彩的感知和偏好势必受到影响并逐渐呈现出来，这就是社会因素对于色彩的心理反映过程。如社会的政治意识形态、道德标准在一定程度上约束了人们对于色彩的理解和审美的标准，在潜意识中规范了人们的衣饰方向；民族传统习俗也形成了服装色彩社会心理因素的客观条件，它从总体上决定服装色彩的共性

图2-19 带古典主义审美的黑色礼服设计

图2-20 眩目的金色裙装

特征；同时，时代科技、文化、教育、经济等物质基础的不断变化也促进和冲击了人们对于时尚的认知度。这些社会因素都在不同程度上影响并改变着人们对于色彩的心理感知。

## 2、服装色彩心理的个性因素

如果社会的心理因素从总体上决定了服装色彩的共性特征，那么千差万别的消费者则决定了服装色彩的个性化、多样化、差异化。美是人类的天性，美的追求促进了社会文明的不断漫延。无论在何场合、环境中，人都不同程度地追求着美。由于人们主客观条件的差异，服装色彩与人们的心理要求有着错综复杂的关系。决定服装色彩的个性因素具体有消费者的着装动机、生活方式、生活类型、职业、文化、审美水准、兴趣爱好、个体的体型与肤色特征等。人们个性与心理倾向是形成服装色彩个性的关键要素，也是形成色彩丰富变化的主体因素。

## 3、服装色彩心理的外在环境因素

（1）季节、气候对于心理因素的影响

季节、气候与人的心理因素密切相关，在烈日炎炎的气温下，人们心气浮躁，所以多偏向于明度和纯度较高、对比鲜明的色彩，如赤道地区国家一年四季是夏天，服饰色彩鲜艳灿烂；而在寒冬腊月的季节，人们心情稳定，多偏向于纯度和明度较低的色彩，如无夏季的北欧地区，其服饰色彩偏于冷色调。不同的季节，人们对于色彩的心理追求不一。炎热的夏季，一般选择视觉悦目、鲜明的色彩，冬季选用温和、舒适的色彩，所以服装色彩带有明显的季节偏向性。

事实上，现代服装色彩设计往往采取逆向思维形式，与正常心理相反，选用与常规相反的色彩，以取得意想不到的市场效果。如将热烈的高明度、高纯度色彩用于冬季，而以沉闷的灰冷色调用于夏季。

图2-21　职业装宜选用彩度较低的色彩

（2）地理环境对于心理因素的影响

地区的地理条件形成了该区域对于色彩选择的总趋向。如北方地区一般较为寒冷、干燥，人们喜欢选用紫红色、棕色等，这类色彩可以有效调节人的视觉神经，消除疲劳，弥补了人们的心理需求。在我国黄河流域地区，由于人们心理感受受到黄河的影响，服装色彩以暖调的土黄色居多。

（3）出席场合对于心理因素的影响

由于人们工作、生活、娱乐、休闲的需要，每天穿梭于不同的场合，而这些场合由于功能、环境、气氛、出席对象的不同，需要出席者在服装风格、款式和色彩上予以配合协调，以满足自身心理需求和审美情趣。如常见的正式派对，色彩往往以高贵、典雅的粉嫩色调和黑白为主。而深黑、深灰色调适合整齐划一的办公场合，这符合高效、严谨、认真的工作态度和心理认识（图2-21）。

第三章
服装色彩搭配基础

03

色彩在服装设计中起着先声夺人的作用，它以其无可替代的性质和特性，传达着不同的色彩语言，释放着不同的色彩情感，同时也起着传情达意的交流作用。服装色彩语言的组织，需要多种因素的相互作用，才能达到合理的视觉效果，组成和谐的色彩节奏。色彩搭配是多种因素的组成和相互协调的过程，同时遵循着一定的规律。

# 一、以色相为主的色彩搭配

## 1、同一色相（单色色相）组合（图3-1）

同一色相指色相环上约呈0~15度范围的某一色彩或两种色彩。由于系同一色相，色相之间处于极弱对比，搭配时色彩易给人以一种温和安静感。

同一色相组合主要通过色彩的明度、纯度变化以达到不同设计效果。色彩明度、纯度变化甚小，则显得沉闷单调；但是色彩之间的明度、纯度层次拉开，即可产生明快丰富之感。

## 2、邻近色相组合（图3-2）

邻近色是指色相环上任意颜色的毗邻色彩，色彩之间约呈15~30度的范围，如红色的邻近色是橙色和紫色，黄色是绿色和橙色，蓝色是紫色和绿色。邻近色的色彩倾向近似，具有相同的色彩基因，色彩之间处于较弱对比，色调易于统一、协调，搭配自然。若要产生一定的对比美，则可变化明度和纯度，例如蓝色与紫色属邻近色，如果提高或降低其中一色明度或纯度，则色彩差异较明显。

图3-1 同一色相组合配色运用

图3-2 邻近色相组合配色运用

在色相环上，邻近色搭配由于左邻右舍色彩的不同倾向，整体效果完全不同。以红色为例，红色的邻近色包括橘色和紫色。红色与橘色相配，色调更暖，隆重而热烈；而与紫色相配，色调偏冷，带有高贵和奢华感。此外，黄色也具有相同情况，其邻近色是橘色和草绿色，黄色与橘色搭配明亮而火热，与草绿色搭配清新而爽快。

## 3、类似色相组合

类似色是指色相环上呈30~45度范围的色彩。相对于邻近色，类似色呈现一定的距离感，其色彩组合调和自然，视觉和谐悦目，但同时也给人以一定的视觉变化感，例如黄色与咖啡色、紫色与绿色（图3-3）。

图3-3 类似色相组合配色运用

## 4、中差色相（稍具不同色相）组合

中差色相是指色相环上约呈45~105度范围的两种色彩，色彩相距不远也不近。由于色相之间处于一定的对比关系，色彩性情体现较明确，所搭配色彩既不类似又无强烈的差异性，显得较为暧昧。同时中差色彩之间有一定的纽带联系，在搭配时能产生一定的协调美感，如图（图3-4）中紫色与橘色都含有红色成分。

图3-4 中差色相组合配色运用

## 5、对比色相组合

对比色相是指色相环上约呈105~180度范围的两种色彩，色彩相距较远。由于色彩相处关系接近对比，色彩在整体中分别显示个体力量，色彩之间基本无共同语言，呈较强的对立倾向，因此色彩有较强的冷暖感、膨胀感、前进感或收缩感。过于强烈的对比，易产生炫目效果，例如橙与紫、黄与蓝、绿与橘等（图3-5）。

对比色相较能体现色彩的差异性，能使不起眼的色彩顿显生机。例如本具有忧郁倾向的蓝色与黄色相配时，由于有黄色跳跃和动感衬托，也显得活泼些。

## 6、补色色相组合——正对180度方向（图3-6）

补色色相是指色相环上约呈180度范围的两种色彩。补色对比是色彩关系在个性上的极端体现，是最不协调的关系。两种补色互相对立，互相呈现出极端倾向，如红与绿相配，红和绿都得到肯定和加强，红的更红，绿的更绿。

补色色相组合在视觉心理上能产生强烈的刺激效果，是服装色彩设计的常用手法，能使色彩变得丰富和夺目，显示出浓浓的活力和朝气。但运用补色对比需要有高超的色彩观，运用低纯度、高明度或明度差、纯度差，能产生相对协调效果，变不和谐为和谐；否则极易产生生硬效果，成为设计的败笔。英国著名设计师John Galliano擅长运用此类对比手法，在其为Dior和自身品牌设计中均大量采用补色配色手法，作品融入了大量反传统的街头前卫创作元素，呈现出新

图3-5　对比色相组合配色运用

图3-6　补色色相组合配色运用

图3-7（1）　Christian Dior2011年春夏季作品

图3-7（2）　John Galliano 2010年春夏季作品

图3-8　整款服装的红绿两色的明度都很高

颖、奇特的新时代美感图3-7（1）。

　　为使补色对比产生悦目和谐效果，常采用以下几种方法：

　　（1）提高补色色彩的明度（图3-8）

　　将补色双方的明度共同提高，这将稀释补色色彩的浓郁程度，降低火气。

图3-9　橙色和蓝色在明度上具有明显差异

图3-10　补色之间加入了黑色

（2）降低补色色彩的明度（图3-9）

将补色单方或双方的明度共同降低，原本强烈的补色关系也随之缓解。

（3）在补色色彩之外加入其他具有明度差异性的色彩或无彩色（图3-10）。

通过在补色色彩之间加入其他色彩，避免补色双方直接接触。图中整款服装在的红色和绿色之间以暗蓝色阻隔，起到缓解作用。

（4）拉开补色之间的面积差（图3-11）

将补色相互之间的面积形成差异性，使一方具有压倒性的力量，能有效解除因色彩强烈对比而产生的刺激感。

图3-11　图中红色和绿色面积相差悬殊

图3-12　红黄蓝组合运用

图3-13　全色相组合运用

## 7、红黄蓝的三色组合（图3-12）

三色间隔差大，能呈现出活泼、明快、明朗和动感。

## 8、全色相组合（图3-13）

选用色相环上的红、橙、黄、绿、青、蓝、紫组成全色相搭配，气氛热烈，视觉突出。

## 二、以明度为主的色彩搭配

以明度为主的色彩搭配，可分以几大类：

图3-14　明度差大的色彩搭配

## 1、 明度差大（图3-14）

　　明度层次大的色彩之间的搭配，即极端明色与极端暗色的配色方法。明度差大配色能产生一种鲜明、醒目、热烈之感，富有刺激性，富有鲜明的时代特征，适用于青春活泼或设计新颖的服装中。例如无彩色的黑色与白色代表着明度差异最大的色彩搭配，著名品牌 Chanel设计以其白色底料配黑色滚边而闻名，黑白色彩对比成为其品牌标志性语言（图3-15）。

　　此外，不同色相虽然明度差大，但具体色彩搭配呈现的感受各不相同，例如淡红与深红组合演绎着火一般的热情，而粉蓝与藏青组合则相对冷静，这主要由色相本身性质带来的结果。

　　由于明度差大，色彩之间需要通过面积的合理配置达到和谐，两者相近或大致相等将极大削弱双方对比力度，而拉开两者面积差将有助于体现设计效果。

图3-15　经典的Chanel2011年春夏黑白套装

## 2、明度差适中（图3-16）

　　明度差适中的色彩组合，效果清晰、明快，与明度差大的色彩相比更显柔和、自然，给人以舒适的轻快感，如棕色与黄色、湖蓝与深蓝等。

　　明度差适中色彩搭配可分为：

　　（1）明色与中明色的配色，即淡色调与浅色调之间的搭配，色彩相对明亮，主要适合春、夏季节服装的配色。

　　（2）中明色与暗色，即中灰色调和深黑色调之间的搭配，与低暗调相比具有明亮感，庄重中呈现出生动的表情，较适合秋、冬季服装的配色。

图3-16　明度差适中的色彩搭配

### 3、 明度层次小（图3-17）

明度差小的色彩的搭配，效果略显模糊，视觉缓和，给人以深沉、宁静、舒适、平稳之感。这类色彩搭配整体和谐悦目，既可表现优雅的正装、礼服，也适用于风格传统保守的中老年服装。

明度差小色彩搭配可分为：

（1）偏于高明度色彩之间的搭配，色彩粉嫩，常用于风格浪漫的夏季服装或淑女装色彩设计。

（2）偏于中明度色彩之间的搭配，色彩中性，常用于风格典雅的春、秋季服装。

（3）偏于低明度色彩之间的搭配，色彩灰暗，常用于稳重的职业装和秋冬季服装。

图3-17 明度层次小的色彩搭配

### 4、 同一明度或明度差极小

同一明度或明度差极小的色彩相互搭配，较大程度降低了视觉冲击力，与明度差大搭配相反，它给人以静态美感，体现出古典主义风格特征，意大利设计师Alberta Ferritti的作品常体现这一特点（图3-18）。

同一明度或明度差极小的色彩搭配能体现出明度特征，依据各明度所能产生感觉而呈现轻快、明亮、厚实、硬朗等不同感觉。例如浅色与灰白、明亮色调与活泼色调、深色与深灰、暗色与暗色间的搭配组合。

## 三、以纯度为主的色彩搭配

以纯度差别而形成的色彩对比体现出色彩之间的艳丽与灰暗关系，以纯度为主强对比色彩搭配尤其能产生色彩的冲撞感。可以

图3-18 Alberta Ferritti2011年春夏作品配色

将色彩纯度分为9个等级，产生强、中、弱三类以纯度为主的色彩搭配，大致可分以下几大类：

## 1、纯度差大的色彩搭配（图3-19）

纯度层次大的色彩之间的搭配，即极端艳色与极端灰色的配色方法。纯度差大的色彩搭配给人以艳丽、生动、活泼、刺激等不同感受，适合风格青春活泼、前卫新潮的服装设计，例如鲜艳色与黑白灰、鲜艳色与淡色、鲜艳色与中间色等组合。著名设计师John Galliano擅长运用这类配色方法（图3-20）。

纯度差大配色可分为：

（1）以艳色为主、灰色为辅，大面积的艳色给人以热烈欢快感觉，适合运动风格和青春活泼服装设计。

（2）以灰色为主、艳色为辅，虽然有艳色点缀，但大面积灰色呈现出沉闷效果，适合职业类服装设计。

图3-19　鲜蓝色与中灰色的组合搭配

图3-20　John Galliano为Christian Dior2009年高级女装设计的作品

## 2、纯度差适中的色彩搭配（图3-21）

纯度差适中的色彩搭配给人以饱满、高雅、明快等不同感觉，同时由于所搭配的纯度位置不同，产生强与弱、高雅与朴素等不同视觉效果。

纯度差适中配色可分为：

（1）强色和中强色配色，即鲜明色色调和纯色调搭配，具有较强的华丽感，但不会形成过分刺激的感觉。

（2）中强色和弱色即纯色调和灰色调搭配，配色效果沉静中有清晰感。如是冷色为主色调，则表现出庄重感；如是暖色调为主，则表现出色彩的柔和丰富感。

## 3、纯度差小的色彩搭配（图3-22）

纯度差小的色彩搭配能体现各纯度的特征，通过所选择纯度而表现强烈或微弱等不同形象，有时为强调配色而以明度和色相的变化进行搭配。

纯度差小配色可分为：

（1）偏于高纯度色彩之间的搭配，色彩奔放，常用于风格活泼的夏季服装或少女装色彩设计。

（2）偏于中纯度色彩之间的搭配，色彩中性，常用于风格典雅的春、秋季服装。

（3）偏于低纯度色彩之间的搭配，色彩灰暗，常用于稳重的职业装和秋冬季服装。

图3-21　纯度差适中的色彩搭配

图3-22　纯度差小的色彩搭配

## 4、同一纯度或纯度差极小的色彩搭配（图3-23）

同一纯度或纯度差极小能充分展现各纯度的固有特性，给人以强硬、平静、高贵等不同感觉。例如浅色调与浅色调、亮色与亮色等组合。

## 5、无彩色系配色（图3-24）

以黑、白、灰等无彩色系组成的色彩组合，它们是服装中最为单纯、永恒的色彩，有着合乎时宜、耐人寻味的特色。如果能灵活巧妙地运用组合，能够获得较好的配色效果：无彩色配色具有鲜明、醒目感；中灰色调的中度对比，配色效果雅致、柔和、含蓄感；而灰色调的弱对比给人一种朦胧、沉重感。

图3-23　纯度差极小的色彩搭配

图3-24　灰色与黑色的搭配

## 6. 无彩色与有彩色配色（图3-25）

将无彩色系和有彩色系放置在一起的色彩设计。两者配色上能产生较好的效果，这是由于它们之间互为补充、互为强调，形成对比，成为矛盾的同一体，既醒目又和谐。通常情况下，高纯度色与无彩色配色，色感跳跃、鲜明，表现出活跃灵动感；中纯度与无彩色配色表现出的色感较柔和、轻快，突出沉静的性格；低纯度与无彩色配色体现了沉着、文静的色感效果。

## 7. 以冷暖对比为主的配色（图3-26）

将成对的冷暖色放置在一起进行对比的色彩设计，使视觉上产生冷的更冷、暖的更暖的效果。根据色彩给人的冷暖感觉，可分为暖色调的强对比、中对比、弱对比；冷色调的强对比、中对比、弱对比。总体来说，暖调给人热情、华丽、甜美外向感；冷调给人一种冷静、朴素、理智、内向感。

图3-25 黑色与鲜红色的搭配

图3-26 以冷暖对比为主的色彩搭配

第四章

服装色彩搭配的综合运用

04

# 一、支配式色彩搭配

即在各配色中均有共同的要素，从而创造出较为协调的配色效果，如以色彩的三个属性（色相、明度、纯度）或色调为主的配色方法。

## 1、以色相为主

将成对的冷暖色放置在一起进行对比的色彩设计，使视觉上产生冷的更冷、暖的更暖的效果。根据色彩给人的冷暖感觉，可分为暖色调的强对比、中对比、弱对比；冷色调的强对比、中对比、弱对比。总体来说，暖调给人热情、华丽、甜美外向感；冷调给人一种冷静、朴素、理智、内向感。如图为BCBG Max Azria2011年春夏作品，设计师以浅棕色系贯穿整款和配饰中（图4-1）。

图4-1　同一色系色彩组合

## 2、以明度为主

以色彩的明暗程度作为服装配色的主要形式，采用同一明度为主的色彩组合，兼有色相和纯度的变化。虽然明度差异不大，但色相各不相同，整体上能产生或明亮、舒畅，或凝重、抑郁等不同效果，个性鲜明，适合表现风格前卫的另类服装设计。

以明度为主的色彩搭配丰富多样，但由于色彩种类较多不易把握。如图4-2为Betsey Johnson2011年春夏作品，浅蓝的领饰与嫩黄、浅灰白为主印花布料配衬，两者明度近似。

图4-2　明度接近的蓝色与鲜黄色

### 3、以纯度为主

以色彩的鲜艳程度作为服装配色的主要形式，采用纯度为主的色彩组合，兼有明度和色相的变化。各类色彩争奇斗艳，虽然颜色不同，但是融合了同样艳丽、浑浊的色彩来配色，因此能产生相对平静、朴实、时尚及华丽、雅致等不同的视觉感受，适合表现带有异域风情的服装设计。

以纯度为主的色彩搭配视觉冲击力强，若处理不当，容易给人以生硬、不协调感。如图4-3是Alexandre Herchcovitch2011年春夏作品，设计师采用纯度极高的红色与蓝、绿组成了鲜亮色组，由于色彩之间的纯度和面积大小存在一定差异，虽然纯度高，但也达到了平衡和协调。

图4-3　纯度很高的红色与蓝色、绿色组合

### 4、以色调为主

以某一色彩总体倾向作为服装配色的主要形式，采用同色调为主的色彩组合，如红色调、蓝色调等。

由于选取了一个特定的色彩基调，色彩之间存在内在联系，互不冲突，所以整体感强，各种配色效果也容易产生。如图4-4是Vivienne Westwood2011年春夏作品，整款设计以军绿色调为主，搭配米黄色、浅蓝和棕色，既和谐又有变化。

图4-4　以军绿色调为主的色彩组合

## 二、重点式色彩搭配

即在某部位以某种特定的色彩为重点设计点，其它色彩只起衬托作用。在选用色彩时，可运用色彩之间的明度、纯度、色相的相对比来拉开色彩之间的关系，互相衬托（图4-5）。重点式色彩搭配有以下几种形式：

### 1、以服装某部位为主

将服装款式的局部作为色彩构思的重点，突出其视觉效果，通过运用与其他部分不同的色彩，形成在明度、纯度或色相上的对比关系。色彩构思的部位主要分布在领口、胸前、门襟、袖口、袋口、下摆等处，运用镶、滚、嵌、拼、贴等手法，例如深色套装领口镶浅色滚边，适合职业女性穿着。法国著名品牌Chanel服装常在领、门襟、袖口、口袋等处运用镶拼色彩，而这类设计已成为该品牌的标志（图4-6）。

这类色彩搭配方式应注重色彩整体效果，由于色彩面积相对较小、分布分散，因此色彩宜两套为佳，套色过多不易整体把握，也易分散视线。

图4-5　灰色和黑色色为主，酒红色手套作点缀的色彩组合

图4-6　领边、门襟、下摆、袖口、袋口均作镶色设计的Chanel品牌作品，为Chanel2011年春夏设计

图4-7　突出服饰品的色彩设计

图4-8　突出服装图案的色彩搭配，作品为英国设计师Giles2011年秋冬设计

## 2、以服饰配件为主

　　将服饰配件作为色彩构思的重点，通过与服装色彩形成明度、纯度或色相上的差异，使配件成为整款服装的视觉焦点。配件相对于服装而言所占空间面积较小，其视觉效果在服装整体中处于次要地位，设计师应根据服装的整体需求，运用色彩对比手法，使配件在整体视觉中占据突出地位。

　　由于配件处于不同位置、大小各异，配色时需区别对待。帽子、挂件、眼镜、围巾等配件处于视觉中心位置，即使与服装色彩在明度与纯度上差异不大也具有重点式配色

效果。而包袋、腰带、袜、鞋等配件相对离视觉中心较远，为突出其视觉效果，选择的色彩应与服装在明度和纯度上差异较大（图4-7）。

## 3、以服装图案为主（图4-8）

　　服装上图案以单独适合纹样为主，视觉相对较集中。以服装图案作为色彩设计重点，可选用与服装在明度、纯度或色相上的对比的色彩，使图案色彩产生醒目的视觉效果，例如浅色服装配深色图案、灰色服装配鲜艳色彩图案。

## 三、渐变式色彩搭配

即色彩以过渡变化的多种色彩配色，以此产生一种独特的秩序感和流动美感，这也是服装色彩常用手法之一，它包涵了色彩三属性的综合运用。

### 1、色相渐变式

以一种色相为起点，逐渐过渡至另一种色相。也可以色相环所表示的红、橙、黄、绿、青、蓝、紫等色彩为依据，有规律性地渐变可形成如彩虹般的眩丽、灿烂。

色相渐变式搭配效果奇特，视觉冲击力强，但整体不易把握，因此是色彩渐变式搭配中最不易协调形式。在具体配色时，由于色相对比强烈，为降低色彩视觉刺目感，可以相应地调整明度或者纯度。如图4-9为Dsquared2010年春夏作品，设计师运用了色相渐变式印染手法，裤身色彩由黄色渐变为蓝色，起强调作用。

图4-9 色相渐变

### 2、明度渐变式

色彩的明度渐变式搭配是常见的设计形式，由于色彩呈现出明暗变化，因此易于协调。此类手法为众多设计师所青睐，已成为近年来女装流行的主要焦点，服装既有视觉变化，又和谐悦目。如图4-10为Blumarine2011年春夏作品，面料色彩由深棕色逐渐推移至浅色，效果独特。

### 3、纯度渐变式

以纯度的渐进变化配色，从亮丽色至浑浊色或从浑浊色至亮丽色。如鲜红色至灰色，灰色至鲜蓝色等。

由于整体色彩融合了鲜亮色和灰暗色，所以纯度渐变式色彩搭配相对于明度渐变式更具特色和魅力，在具体运用中可有针对性加强其中一色的作用，凸显其视觉效果。如图4-11为Dries Van Noten2011年春夏设计，外套色彩由玫红渐变至浅灰，与内衣色彩呼应，同时又衬托了玫红效果。

图4-10 明度渐变

图4-11 纯度渐变

# 05

服装色彩搭配的形式美原则

图5-1 同色相、不同明度和
纯度的配色

图5-2 同明度、不同色相和
纯度的配色

图5-3 同纯度、不同明度和
色相的配色

色彩搭配所遵循的形式原则有调和和对比两种。

## 一、调和的原则

即色彩之间原本相异的关系，运用搭配调和的原则，找出它们之间的内在的规律、有秩序的相互关系，通过在面积大小、位置不同、材质差异等方面搭配，在视觉上既不过分刺激，又不过分暧昧。其突出特点是单纯、和谐、色调的统一，在单纯中寻求色彩的丰富变化，在和谐中求得色彩的明暗，产生平衡、愉悦的美感。

调和原则的色彩搭配 主要有以下几种形式。

### 1、同一调和

同一调和即在色彩、明度、纯度三属性上具有共同的因素，在同一因素色彩间搭配出调和的效果。这种配色方法最为简单、最易于统一。同一调和分为单性同一和双性同一两种。

(1)单性同一

在色相、明度、纯度三属性中只保留一种属性，变化另外两种。包括同色相、不同明度和纯度的色彩组合；同明度、不同色相和纯度的色彩组合；同纯度、不同明度和色相的色彩组合（图5-1~图5-3）。

图5-4　黑、白、灰色彩搭配

图5-5　同明度、同纯度，不同色相的色彩搭配

图5-6　上装、裙和靴子色相都接近红色，但明度和纯度却不同

(2)双性同一

在色相、明度、纯度三属性中保留两种属性，变化另外一种。包括无彩色系调和，色以黑白以及由黑白的调和产生的各种灰色组合，即同一色相和同一纯度。例如以黑、白、灰组成的色彩搭配（图5-4）。此外还包括同色相、同明度，不同纯度色彩组合；同明度、同纯度，不同色相的色彩组合（图5-5）；同色相、同纯度，不同明度的色彩组合。

**2、类似调合**

即色相、明度、纯度三者处于某种近似状态的色彩组合，它较同一调和有微妙变化，色彩之间属性差别小，但更丰富。

类似调和分为单性类似和双性类似两种。

（1）单性类似（图5-6）

包括色相类似，明度、纯度不同的色彩组合；明度类似，色相、纯度不同的色彩组合；纯度类似，色相、明度不同的色彩组合。

（2）双性类似

包括色相、明度类似，纯度不同的色彩组合；明度、纯度类似，色相不同的色彩组合（图5-7）；色相、纯度类似，明度不同的色彩组合。

图5-7　明度、纯度类似，色相不同的色彩搭配

图5-8　利用面积对比达到调和

图5-9　降低对比色纯度达到调和

## 3、对比调和

　　对比调和即选用对比色或明度、纯度差别较大的色彩组合形成的调和。采用的方法有以下几种：

　　(1)利用面积对比达到调和（图5-8）

　　色彩的面积对比是指各种色相的多与少，大与小之间对比，利用其对比达到调和，也就是将对比双方的一色作为大面积的配色，另一色作为小面积的点缀，在面积上形成一定的差别，这样既削弱了对比色的强度，又使色彩处理得恰到好处。通常而言，服装上图案的用色或是小面积色彩用来点缀，其色彩的纯度、明度相对大面积色更为丰富、活跃；有时，为了使点缀面积色彩突出醒目，可适当降低主面积的纯度、明度来避免过于刺激。对比色块间的面积与形状须有变化。如红绿相配时，应从一个好的视角处理好它们的比例关系，否则过于刺激呆板。如是多种色彩间的搭配，则应先确立主次关系。

　　(2)降低对比色的纯度达到调和（图5-9）

　　如果配色双方均是纯度较高的对比色，且面积上又相似，这样会使双方相互不协

图5-10　隔离对比色达到调和

图5-11　以明度对比方式使黄色
和蓝色达到调和

图5-12　纯度对比

调。在这种情况下，降低一方或双方的纯度，会使矛盾缓和，趋于调和。

(3)隔离对比色达到调和（图5-10）

在对比色之间以无彩色系或金、银等色将其分隔，也可以在对比色之间以其他的间色将其分隔。

(4)明度对比调和（图5-11）

明度差别大的色彩组合，其对比调和力量感强、明朗、醒目，由于强调了明度的差别，将会降低其他方面的对比。因此在组合上应注意面积上的区别，避免造成视觉混乱。

(5) 纯度对比调和

纯度差别大的色彩组合，虽有对比感，但效果生动，色彩通过纯度的差别显得饱满和优雅。例如红色与黑色搭配，红色不仅被黑色衬托得格外艳丽，而且也因为黑色的介入在视觉上不那么刺眼（图5-12）。

## 二、对比的原则

即色彩之间的比较，是两种或两种以上面的色彩之间产生的差别现象。

图5-13　同种色相对比

图5-14　类似色相对比

图5-15　中差色相对比

## 1、色相对比

以色相环上的色相差别而形成的对比现象。色相对比是服装色彩设计常用手法，其配色效果丰富多彩。色相对比分为以下几种：

(1)同种色相对比（图5-13）

是以一种色相的不同明度和纯度的比较为基础的对比。其配色效果较软弱、呆板、单调，但因色调趋于一致，可表现出含蓄、静态、稳重的美感。

(2)类似色相对比（图5-14）

在色相环上相邻30度至60度左右对比关系属类似色相对比。对比的各色所含色素大部分相同，色相对比差较小，色彩之间性格比较接近，但与同种色相对比有明显加强。类似色相对比配色既统一又有变化，视觉效果较为柔和悦目。

(3)中差色相对比（图5-15）

是介于对比色和类似色之间的对比，对比的强弱居中。具有鲜明、活跃、热情、饱满的特点，是富于变化、使人兴奋的对比组合。

图5-16 红与绿配色

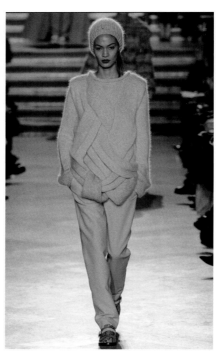

图5-17 黄与紫配色

图5-18 蓝与橙配色

(4)对比色相对比

色相间是相反的关系，极端的对比色是补色，即红与绿（图5-16）、黄与紫（图5-17）、蓝与橙（图5-18）这三对。这类对比效果强烈、醒目、刺激，对比性大于统一性，不容易形成主调。

**2、明度对比**

因为色彩明度的差异而形成的对比。以土黄色为例，客观存在明色调为底的衬托下呈现的感觉较为暗，而在暗色调为底的衬托下呈现的感觉较明亮，这种现象称之为"边缘对比"现象。如将白、灰、黑三种色彩并排放置在一起，可以发现，邻近白色的灰色部分看起来较暗，而邻近黑色部分看起来较亮。在有彩色和无彩色的互相搭配中也会出现这种现象。

为了便于分类和利用明度搭配的效果，

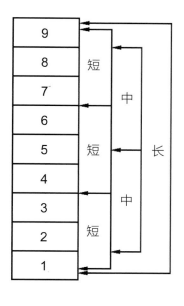

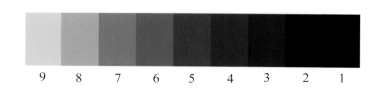

图5-19　明度基调划分与对比

将明度分为高、中、低3个阶段，高明度色彩是亮色系，低明度色彩是暗色系，中明度色彩是介于亮、暗之间的色系，（图5-19）不同明度基调具体表现如下：

高调：是由7至9级内的组合，具有高贵、轻松、愉快、淡雅等感觉。

中调：是由4至6级内的组合，具有柔和、含蓄、稳重、明确等感觉。

低调：是由1至3级内的组合，具有朴素、迟钝、寂寞、沉闷、压抑等感觉。

长调：对比差大的组合（相差6至8级），视觉强硬、醒目、锐利、形象清晰。

中调：对比差适中的组合（相差3至5级），视觉舒适、平静、有生气。

短调：对比差小的组合（相差1至2级），视觉模糊、晦暗、梦幻、不明确。

高、中、低3个明度基调，即类似明度、中差明度、对比明度，这3个明度基调通过类

图5-20 明度的高长调对比

图5-21 明度的中短调对比

图5-22 明度的低短调对比

似、中差与对比的搭配可出现3组6种不同的色调基调：1、高短调、高长调，即高调中的短调对比和长调对比（图5-20）。2、中短调、中长调，即中调中的短调对比和长调对比（图5-21）。3、低短调、低长调，即中调中的短调对比和长调对比（图5-22）。明度对比强弱是由色彩之间的明度差异程度决定的，其中高明度与低明度形成的对比效果最强烈。

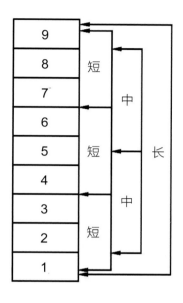

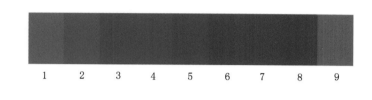

图5-23　纯度基调划分与对比

## 3. 纯度对比

　　因色彩纯度的差异而形成的对比现象。如以咖啡色为例，它在鲜艳底色的衬托下显得较为浑浊，而在混浊底色的衬托下则显得较鲜艳。

　　与明度对比分类相同，也可将纯度的阶段分为高、中、低3个部分。高纯度为鲜色系，低纯度为倾向灰的色系，中纯度是介于两者之间的中性色系（图5-23）。不同纯度基调具体表现如下：

　　高调：是由7至9级内的组合，具有刺激、奔放、热烈、醒目等感觉。

　　中调：是由4至6级内的组合，具有和谐、稳重、肯定、明确等感觉。

　　低调：是由1至3级内的组合，具有阴沉、厚重、寂寞、沉闷、压抑等感觉。

　　长调：对比差大的组合（相差6至8级），视觉鲜明、突出、锐利、有力。

　　中调：对比差适中的组合（相差3至5级），视觉悦目、和缓、确定。

图5-24　纯度的高长调对比

图5-25　纯度的中短调对比

图5-26　纯度的低长调对比

　　短调：对比差小的组合（相差1至2级），视觉阴暗、沉重、幽静、低沉。

　　以高、中、低为基调，然后以类似、中差与对比纯度来进行搭配，可出现3组6种不同的效果：1、高短调、高长调，即高调中的短调对比和长调对比（图5-24）。2、中短调、中长调，即中调中的短调对比和长调对比（图5-25）。3、低短调、低长调，即中调中的短调对比和长调对比（图5-26）。基调形成色调搭配相对应为类似纯度、中差纯度、对比纯度。

# 第六章
## 服装色彩设计与视错觉

**06**

由于人的视觉受到周围环境色彩的影响，会产生对色彩的错觉现象，比如说，同一种灰色，看上去深浅不一；同一色相的色彩，看上去鲜艳程度不一，这都是色彩错觉现象。这些都是色彩的对比在起作用，只要有色彩对比因素存在，错视现象也必然产生。服装设计中会常利用这种错视效应进行巧妙设计，因此研究色彩的各种错视现象，对于服装设计十分有意义。

## 一、色彩的冷暖错视

人们对于色彩的感觉中最为敏锐的是冷与暖。是人们看到色彩后一种本能的心理反馈。无论是从事色彩专业的人员还是对色彩知识一无所知的人，他们对于色彩本身所具有冷暖感受往往是一致的。但是，假设没有任何感情色彩的灰色，在不同底色的映衬下，产生的色彩冷暖感是不一的，在蓝色的映衬下有偏温暖感，相反在红色的对比下略呈蓝色调，有寒冷感。这就是色彩的冷暖错觉（图6-1，图6-2）。

图6-1　灰色在蓝色的衬托下有温暖感

图6-2　灰色在红色的衬托下略呈冷调

## 二、色相错视

当某一色彩在受到其他色相的颜色的比较和影响下，会产生色感偏移，这就是色相对比所引起的错视。

例如，同一明度、纯度的黄色，分别放在红底和蓝底上，呈现出的色彩倾向是在红底色上的黄色偏橙色，而蓝色底色上偏绿色（图6-3），这是因为，橙色中含有红色和黄色，红成了共性成分，当相同成分被融合后相异的成分会变得更加突显。

## 三、明度错视

两种明度有差异的色彩放置在一起，在相互映衬下，明度越高的色彩感觉越明亮，而明度越低则越暗淡。如将同一明度的灰色调，分别放在反差大的白色和黑色底色上，我们会发现，白色反衬下的灰色看上去更灰暗些（图6-4），而黑色上的灰色看上去更显明亮些（图6-5）。

图6-4　白色反衬下的灰色更暗些

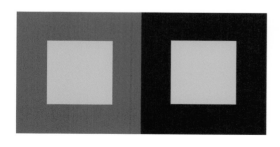

图6-3　色相错视

图6-5　黑色反衬下的灰色更亮些

# 四、纯度错视

如同一纯度的色彩，分别放置在纯度高低不一的底色上：高纯度底色上的色彩显得纯度低些（图6-6），而低纯度底色上的色彩则相反（图6-7），这就是纯度错视现象。

# 五、补色错视

互为补色的色彩，如红和绿、黄与紫等，把它们并列在一起时，由于色彩产生的补色残像，会产生强烈的视觉冲击效果，使相互的色彩感更为突出，所以，补色是对比色中对比程度最为刺激的一种。例如，当我们先观察绿色，再迅速移视白色，会发现白色中偏红色，这就是因为，注视绿色后会产生补色残像——红色，它与白色相交后产生的视觉混色现象（图6-8）。

# 六、色彩面积错视

色彩也可以引起视觉上的面积大小的错视。将面积相等的不同色彩，填充在同一色彩上，会产生这样的现象：这一色比实际上的色块要扩大一些，或是缩小一些。这是因为在我们常规的视觉内，色彩具有膨胀感或冷缩感。暖色调的色彩有视觉扩散感（图6-9），而冷色调则有收缩效果（图6-10）。如在日常着装上，体型丰满的人着暗色调色彩的服装可以使体型略显苗条，而着亮色调服装则更显丰腴富态。另外，同一面积的色彩放置在面积大小不等的底色上，最后的视觉反应也各异。

图6-6　橘色在高纯度的玫红作用下显得纯度低些

图6-7　橘色在灰暗色衬托下显得纯度高些

图6-8　补色关系的搭配在视觉上往往会产生补色残像

图6-9　暖色调有视觉扩散感

图6-10　冷色调有收缩效果

## 七、距离错视

在等距情况下观察，有些色有跃进感，近些，有些则有退缩感，远一些，这是与色彩的波长和明度密切相关。波长长且明度高的暖色有前进感（图6-11），而波长短且明度低的冷色调有后退感（图6-12）。

## 八、色彩的重量错视

色彩同其他物体一样，也具有重量感，但这并不是实际意义上重量，而是色彩的综合属性给人们视觉上一种错视现象。一款服装，如面料色彩为淡粉色，给人一种轻盈、欢快、飘逸感（图6-13）；如是黑褐色，则给人沉重、稳定之感（图6-14），这就是色彩重量错视的原由。

## 九、边缘错视

这是与色彩明度对比产生的一种视错觉现象。在两色相接处可以感觉到。

例如，同一色块，与低明度色相邻的部分，会略显亮些，而与高明度色相邻时，显得相应的暗些，这一现象称之为边缘错视（图6-15）。

图6-11　波长长且明度高的暖色有前进感

图6-12　波长短且明度低的冷色调有后退感

图6-13　具有轻快效果的色彩搭配　　图6-14　具有稳重的色彩搭配

图6-15　边缘错视

第七章
服装色彩的整体设计

07

图7-1 主题为"1789年法国大革命"的Dior2006年春夏高级女装作品

服装整体色彩设计是系统工程，在构思时需根据主题、风格、流行要求，考虑季节、消费者、穿着环境等因素，在款式、面料、结构、配件等方面进行整体色彩设计，所设定色彩既有系列感，体现你中有我、我中有你的相互之间协调关系，同时也需其他色彩的加入，使整体上有相应的色彩变化。

服装色彩的整体设计是服装精髓部分，是服装设计思想的集中体现，它广泛运用于品牌服装季度企划、服装设计大赛以及企事业形象包装等的色彩构思中。

# 一、构思方法

一般而言，服装色彩整体设计有具体的目标和要求，在构思时应围绕这些目标和要求而展开。在整体构思中，可依据以下三点进行：

## 1、根据主题

主题原是指文艺作品中所蕴含的基本思想，是作品所有要素的辐射中心和创作虚构的制约点。作为实用艺术形式，服装设计遵循普遍的艺术规律，在整体

构思中，首先必须明确作品的主题思想，通过构成服装的各个要素——体现。

现代时装设计主题种类繁多，如民族主题、乡村主题、复古主题、运动主题、未来主题、后现代主题、艺术主题等，主题成为设计师总体构思和风格表现的重要载体，是设计师设计思想、品味情趣的重要表现。1789年法国大革命主题一直为著名设计师John Galliano所厚爱，他在圣·马丁毕业秀上设计的8件作品灵感即来自法国大革命。2006年他又在Dior2006年春夏高级女装上发布此主题，整系列以红色贯穿始终，法国宫廷奢华感与另类街头风格融为一体，同样令人震撼( 图7-1 )。

不同主题蕴含不同的内涵和形式，需要设计师通过不同款式、廓形、结构、细节、色彩、配件等服装构成形式完美体现。作为服装三要素之一，色彩是服装主题表现的重要组成部分。服装整体色彩设计围绕服装的主题展开，选用与其相配的色彩套数、色调倾向、明度和纯度，同时确立色彩之间的相互关系。2010年春夏女装设计流行非洲主题，设计师们纷纷推出纯度较高、色彩鲜亮的青绿色、大红色、鲜黄色

图7-2　Kenzo2010年春夏非洲主题设计

等，并伴随着具有浓郁土著部落特色的图案(图7-2)。又如John Galliano2007年为Dior所设计的春夏高级女装，主题为"蝴蝶夫人"，作品除了在款式、图案、结构中融入日本元素外，整体色彩包括了嫩绿、暗红、白色等充满东方异国情调的主色调，虽然色相呈对比关系，但整体艳而不乱（图7-3）。

## 2、根据风格

《辞海》对风格的定义为：由于生活经历、立场观点、艺术修养、个性气质的不同，作家、艺术家们在处理题材、熔铸主题、驾驭体裁、描绘形象、运用表现手法和语言等艺术手段方面都各有特色，这就形成作品的个人风格。艺术和设计作品之所以区别于纯商品和自然产品在于前者具有风格，而后者没有。

时装设计是风格表现极强的实用艺术形式，每季流行作品都包含不同的风格运用，如20世纪初的新浪漫主义风格、2006年前后流行的60年代风格、2007年由60年代风格演变为宇宙风格及未来主义风格。作为服装的三大要属之一，色彩是服装风格的具体表现形式，而色彩又具有极强的情感表达作用，因此具体的风格内容决定具体的色彩运用和表现。新浪漫主义风格相对应流行色彩

图7-3　主题为"蝴蝶夫人"的Dior2007年春夏高级女装设计

图7-4　诠释20世纪60年代风格精髓的金银色调，图为Balmain2007年秋冬作品

是纷繁暖色调，如红色、橘色等；嫩黄、嫩绿、橙色等带有60年代风格特质的鲜亮色彩则在2006年大放异彩；而具有太空感觉的金银色在2007年成为流行主色调（图7-4）。

　　色彩在风格的建立和塑造方面具有较强影响力，这源于色彩的感情倾向和视觉效果，如鲜艳的桔黄色易于表现活泼、奔放的60年代风格和波普风格，而沉着、冷静的深灰、深黑色调适于充满中性感的80年代风格表现（图7-5）。由于风格的差异色彩在具体表现时有不同倾向，同样是黑色，在哥特风格是恐怖的象征，而在礼服设计中则是优雅的表现。因此在整体色彩设计中设计师需要

图7-5　体现20世纪80年代风格特征的深黑色调，图为Antonio Berardi2009年秋冬作品

有针对性的依据不同风格采用不同的色彩组合。

### 3、根据穿着者

色彩运用于服装并不是服装色彩设计的最终目的，而是需要通过服装的载体——穿着者体现。每季各大时装之都发布的最新流行讯息通过传媒转化为各地穿着者对时尚的理解，她们的不同口味反过来又引导了流行方向，为设计师提供新思维、新风尚，风靡一时的牛仔服饰都是由底层穿着者的推动而兴起的，如今经过设计师重新包装成为大众主流穿着，牛仔服饰的主要色彩——靛蓝色也演变为粗犷、帅气的形象色。

随着社会经济的快速发展，穿着者对服装设计的个性化需求越来越高，不仅希望通过服装传达着装品味，提升着装形象，而且展现自己独特个性。21世纪雌雄同体服饰文化在世界范围流行，黑、灰等无彩色成为广大穿着者喜好，众多时装品牌不失时机推出了以黑、灰为基调的中性服装（图7-6）。由于不同穿着者者存在着人种、肤色、发色、体型、脸型、性格、喜好、文化背景、经济实力和地域性等差异，所适用的穿着场合和环境千差万别，针对流行趋势和服装审美也有不同的理解，因此设计师在构思服装整体色彩时应充分考虑这些外在因素，准确把握穿着者的心理状况，合理定位目标。

## 二、时装色彩的系列设计

时装的系列设计是指在设计中，将相关或相近的元素组成成套系列方案的设计，而时装色彩的系列设计则是以色彩作为设计的重点，在系列设计中起到穿插和联系作用。时装色彩的系列设计是设计师构思的一种方法，它有助于协调整体款式设计，调和人们的视觉感受，建立起和谐和秩序美感。例如法国著名品牌Chanel的色彩设计极为经典，通常以黑白为主色调，以此贯穿整季设计。

时装色彩的系列设计有以下几种方法：

图7-6 伦敦设计师Graeme Armour2011年秋冬推出的中性服装

### 1、相同色彩设计

在一组系列服装中，每款设计元素部分或全部均采用同一种色彩，以此形成相互之间的联系，达到整体系列设计协调统一的目的。这种配色方法较为简便和实用，整体效果朴实、大方，时装之间色彩过于一致容易显得乏味。由于色彩并非整款设计的重点，因此在整体风格一致的前提下可考虑加强时装在造型、款式、结构、面料、细节等某一部分的设计，突出其视觉效果，形成明显的差异（图7-7）。

相同色彩设计视觉平淡，多用于淑女、休闲、职业、居家等时装设计中。

## 2、近似色彩设计

在一组系列时装中，选用两至三种色彩配色，这类色彩在色相环上属近似色关系，如红色和橘色，天蓝、湖蓝和藏青等。在具体运用中，主色调常用于外套，而拼接装饰部分、内衣、配件等可选近似色搭配，体现出在整体协调基础上有一定的变化，富有活力（图7-8）。近似色彩设计是一种较为常见的配色设计方法，色彩视觉冲击力较弱，适合日常成衣设计，多用于风格清新纯朴的少女、淑女、休闲、居家、职业等时装设计中。

图7-7　以紫色贯穿整个系列的色彩设计

## 3、渐变色彩设计

这是一种带有规律性的色彩设计。对时装的款式、面料、结构运用色彩的渐变效果，具体包括明度渐变（如由深红至浅红）、纯度渐变（如由纯蓝至灰蓝）、色相的渐变（色相环上的色彩）、补色渐变（如由橘色、橘蓝色、蓝色）或色彩之间的渐变（如由黄色至红色）等。在具体运用时，可考虑在时装的不同部位运用，如图（图7-9）为Missoni2011年秋冬设计，设计师分别在服装的不同部位运用色彩渐变手法，效果独特。由于采用渐变色彩设计手法，系列时装款式宜相对简洁，意在突出渐变效果。

## 4、主导色彩设计

根据时装主题和风格定位，设置一种色彩作为主打色贯穿整个系列。虽然各套时装之间在款式、结构、造型、面料、细节及其配套色彩等各有差异，但一种色彩在各款时装不同部位的出现能使时装具有相互联系，形成系列感。这种多次出现的色彩是整个系列的主色调，并主导设计总体方向和效果。（图7-10）

图7-8　呈近似关系的色彩设计系列

图7-9　采用渐变手法的色彩设计系列

主导色彩设计是系列设计的常用形式，在日常服装、表演服装、比赛服装、创意服装等均有表现。

## 5、强调色彩设计

为突出整体服装色彩设计效果，分别在一组时装中的领、胸、袖口、腰、下摆等部位，选用与时装面料在明度、纯度、色相上成对比关系的色彩，运用镶、嵌、滚、挑、绣、贴布、拼接等工艺，起强调凸现作用。如果时装配件选用不同色彩，同样也有这种效果。

图7-10　王大仁为Balenciaga2016春夏设计的白色贯穿系列，突出美国加州轻快气息

起强调作用的色彩设计多运用于礼服、运动服、针织毛衫、童装等，色彩面积相对较小，造型较独特，否则容易喧宾夺主。

## 6、情调色彩设计

指为渲染整体时装设计气氛、符合其风格和定位而设定的色彩调子。整个系列时装在款式、造型、结构、面料、细节等方面各有不同，但通过情调色彩的运用使各款时装有内在联系。例如表现自然休闲风格的土黄或咖啡色、少女优雅情调的粉红或粉紫色调、未来风格的金银色等。（图7-11）

情调色彩设计风格独特，适用于比赛服装、创意服装等设计。

图7-11　以鲜艳黄色调体现意大利西西里岛灿烂文化

# 08

第八章
流行色与时装

流行色与时装是一对时尚组合，流行色依附于时装，呈现丰富多彩的形象，而时装通过造型、款式、面料、结构、工艺、配饰等在整体框架内与色彩融为一体。两者互为关联，互为衬托。

## 一、流行色概念、产生和流行周期

有关流行色涉及以下几组概念：

### 1、流行色概念

在一定时期和地区，为大多数人喜爱和接受而广为流行的、带倾向性的色彩或色调称为流行色，英语为"Fashion Colour"，即时髦、流行的色彩，法语为"Tendance"，与英语同义。流行色概念与常用色相对，它是由专业研究机构以若干组群的形式提出，在消费市场能造成相当规模的传播。

因流行范围的不同分为地区性流行色和国际性流行色两种，前者为某一地区人们所接受并流行；而后者经国际流行色委员会讨论并一致通过，在世界范围发布。流行色运用范围很广，并不局限于服装、纺织品，还包括家俱、日用品、室内外环境、食品、电器等。

### 2、流行色的产生（图8-1）

流行色的产生是一个十分复杂的社会现象。究其原因，首先涉及人的生理、心理感受，这是客观的。其次，流行色是社会政治、经济、文化和色彩规律等多种因素的反映。综合分析每年世界各国流行色协会成员

图8-1　2011年春夏和秋冬流行色——酒红色

国递交的提案，大致来源于以下几个方面：

（1）人的因素

人对于色彩的认知首先来自于生理和心理需求。如果长时间停留在一种色彩，人的视觉会产生麻木，而对于一种新颖的色彩，人的心情不免兴奋，这是由于人的眼球希望以此得到满足，获得精神上的快感，这是感官上的需要。20世纪70年代的经济萧条时期，服装产业的发展呈现出服装产品色彩单一、缺少变化的现象，此时消费者需要鲜活生动的色彩来点亮他们的生活，于是饱和度高的鲜亮色彩出现了。当人处于某种状态：激动、快乐、悲伤、郁闷时，就会倾向于使用某种色彩：红色、米黄色、灰色、黑色等来表达出不同的心理感受，因此色彩的流行也是人的心理因素反映，所以流行色也包含了相当的主观成份。

由于受到各类媒介、商家广告的影响，人的从众心态得以滋生，这种趋同认知是产生流行色的社会基础。随着时间的推移，人们年龄、阅历、情绪、生活状态等随之变化，对流行色的认同也改变，每年新颖流行色推广正是基于这一现象。

此外某一色彩或色彩群如果长期流行，人的视觉感知系统往往产生麻木而对此产生厌倦感。如果此时推出不同于以往的流行色恰好给人以视觉刺激，满足人的生理需求。

（2）社会政治因素

现代社会瞬息万变，由政治环境改变往往带来人们审美价值、消费倾向的变化，而服装上的直接反映就是流行色。例如，20世纪70年代初，西方国家由于发生了石油危机，经济步入了衰退期，同时各种自然生

图8-2　2002年秋冬Alexander McQueen推出的具哥特风格的设计

态的破坏使得自然色系成为人们心目中的向往，所以土黄、赭石等反映环境的色彩开始流行。2001年"9.11"事件发生后，许多国家陷入了一片恐慌和不安，在时装界出现了两种截然不同的设计倾向。在2002年时装潮流中，众多设计师推出了恐怖黑暗的哥特风格，黑色也成了当年主要色系之一（图8-2）。同时，另一部分设计师则别出心裁，展示了亮丽的红色和黄色，宽慰人的心灵，充满欢乐、带有及时行乐人生观的波西米亚设计主题迅即广为流传。

（3）自然因素

大自然赋予人类缤纷灿烂的景致，各地自然环境千差万别，河流山川、奇花异草、飞禽走兽，无不呈现着绮丽的色彩世界，并给人以无限遐想。地球上气候影响着自然界的色彩变化，从烈日炎炎的赤道到寒风刺骨的极地代表着两个极端的地貌特征，伴随着一年四季的春夏秋冬，因地理、气象因素产生了不同环境，以及因环境变迁而带来的不同色彩。大自然的色彩恰恰给流行色的产生带来启迪，在各类国际、国内流行色组中，大自然色彩构成了主要素材，众多流行色直接取自自然色，如沙滩色、泥土色、岩石色、森林色、瓜果色、贝壳色、宇宙色等，或者直接以动植物命名，如松石绿、孔雀绿、果绿、柠檬黄、杏黄、蟹青、珊瑚红等。

## 3、流行色的流行周期

人们在自然界中捕捉到的色彩是有限的，而如果反复接受同样的色彩，此时人们就会感到单调和乏味，于是就希望追求一种新的色彩刺激，从而引发原有色彩逐步开始衰退，而新的色彩慢慢登场。研究结果表明，色彩的流行周期长短不等，从萌芽、成熟、高峰到退潮有的持续短至3~4年，长至6~7年。期间原有色彩和新的色彩可能交替出现，共同存在。流行色的传播由时尚发达地区传向落后的地区，由大都市传向小城市和乡村。在流行色的流行期内，高峰期约为1~2年，这是各类产品的黄金销售季节。

研究表明，色彩的活动周期通常是由高彩度的鲜亮色彩开始流行，继而延伸至色感丰富的中彩度色，再过渡至较为柔和的低彩度色，接着是土色系，直至无彩色系，再由无彩色转至紫色，最终回到高彩度色彩，完成循环。色彩的周期循环不是简单的重复过去，而是具有承上启下的效果，新的色彩特点正是通过循环而诞生。由冷色系至暖色系的循环周期大约是7年。

在某一色彩流行时，总有几个色彩处于雏期，另外几个色彩步入了衰退期，相互交替，周而复始地运转。日本流行色研究协会研究得出，蓝色与红色常常同时相伴出现。蓝色的补色是橙色，红色的补色是绿色，所以当蓝色和红色广泛流行时，橙色和绿色就退出流行舞台。由此可见，蓝色和红色是一个波度，橙色和绿色也是一个波度，合起来恰好是一个周期，一个周期大约是蓝、红色3年，橙、绿色3年，中间过渡1年，总计也是7年。

# 二、影响色彩流行的因素

流行色是社会的产物，可以反映出一个时代的生活方式和价值取向，所以每个时代都有独具风格和特征的流行色彩。色彩的流行由社会政治、社会经济、科技、文化艺术、自然环境、名人效应、人的生理心理需求、民族地域、各艺术领域间的交汇和借鉴等多重因素综合影响而成。

## 1、社会政治

政治生活反映人们的精神风貌。20世纪70年代由于尼克松访华引起的中国热，带领了中国及东方特色的传统色彩风靡于世；曾几何时，中国大地先后被国防绿及蓝灰色笼罩。而到了20世纪90年代后期香港、澳门相继回归，千禧年到来前夕，中国红、明黄等象征龙之传人的颜色为人们所钟爱。当美国发生了"9.11事件"以及对伊没完没了的战争，反战主题的趋势发布也随着而来，成熟和坚强的黑色、向往和平及轻松的白色、象征热情和冲破困难的红色成了流行色。

## 2、经济发展

随着社会进步，经济文化的迅速发展，人们的审美心理也日益成熟。一些大事件的发生能够在一定时期内影响到色彩的流行，社会生活的氛围或政治文化背景也能在流行色中得到相应的体现，当一些色彩迎合具体时代人们的兴趣爱好、主流追求时，这些色彩便被赋予象征时代精神和风貌的意义，广泛流行。

经济状况决定人们的色彩倾向。当经济开始衰退，进入大萧条期后，人们的心理整体趋向于压抑，经济状况也影响到产品的制造和消费，于是服装色彩变得灰暗；而一旦经济走出低谷，人们心情畅快，愿意接受新鲜事物，服装色彩也呈现出亮丽的趋势。设计成本在产品价值中所占的比例与当前的经济现状息息相关，流行色就必然会从服装、纺织等产品的附加值中敏感地反映出来，因而发达国家和地区更能体现流行色的存在和发展。

## 3、科技进步

科技发展是人类社会生活的一部分，在一定时间和范围内也对时尚产生影响。20世纪60年代初，人类刚刚开始了探索太空时代，人们对宇宙奥秘的兴趣日渐浓厚，为

图8-3　流行于2006年秋冬的金色，Cachare作品

适应人们的猎奇心理和兴趣，国际流行色协会发布了色相各不相同、非常浅淡的一组色彩，称为"宇宙色"，这一色彩在世界各地的消费品设计中迅速流行。

科技的飞速发展伴随着观念更新，同时给人类以新的刺激。材料科学、纳米技术、基因工程、IT行业日新月异，一旦某种新产品、新材料、新技术、新工艺以及化工工业新色素的诞生，凡是能够引起视觉上反映的，都能成为流行色新趋势发展的契机。2006年T台曾流行金色、银色，这些由高科技技术开发出的面料表面光滑、眩目，给人以未来世界效果（图8-3）。

## 4、文化艺术

文化艺术承载着人类的精神世界，现代网络、电视银屏、报刊杂志、手机通讯等各种媒体宣传手段日益发达极大拓展了人的视野。电影、美术、音乐、时尚等领域作为流行色载体日益丰富，彼此之间相互渗透和感染。东西方文化的交汇，都为流行色的产生与发展带来层出不穷的灵感和思潮，陶瓷色、敦煌色、夏威夷风情色、古铜色等色彩的流行都是文化艺术上的反映。

## 5、自然环境和气候变化

大千世界青山绿水、蓝天白云、奇花异草、飞禽走兽……多姿多彩的自然环境启发着人类的想象力，催生出五彩斑斓的流行色。20世纪90年代大自然遭遇全球性的生态恶化、环境污染，引起人类高度重视，促使人们关注环保、呼唤绿色，从而导致了"森林色"、"海洋湖泊色"、"花卉色"、"泥土色"、"沙滩海贝色"等的广为流行。

流行色带有很强的季节性，国内外预测发布流行色一般一年两次，总体上分为春夏色组和秋冬色组，每季的流行色都体现出季节的特色。由于春夏与秋冬是连续性季节，因此这两大组色彩相互之间具有一定的相似性。

流行色的季节性变化特征鲜明有序，当季的流行色是以上季受欢迎的流行色为基础，再加上富有新鲜感和魅力的季节色彩。一般而言，春夏季色组色调偏暖较多，以鲜亮色为主，其中红色占据主导地位，包括橙色、橘黄色、深红等，都含一些红色。除了暖色，色组中也加入一定比例的偏冷色调和无彩色或中性色。秋冬季色组与春夏季正相反，多偏冷色调，以深色为主，其中蓝色占据主导地位，以及带有其他色相的蓝绿色、紫罗兰和红紫色等。为了整体协调，色彩组包含了一定比例的温暖色调，以及少量的无彩色或中性色。四季的色调各有特色，春夏季的流行色比较明快，具有生气，相对华丽、明艳，而秋冬季则比较深沉、含蓄，相对淡雅、柔和。

## 6、人的生理心理需求

对于流行色的研究必须要考虑人们的生理心理需求。色彩感觉是一种对视觉器官的刺激，人们长久反复受到一种颜色的视觉刺激难免会令人麻木生厌，必定产生审美疲劳，最初的新鲜感和刺激感随着时间的流逝而被减弱，此时自然产生对新鲜色彩的需求，渴望以此新的视觉刺激。这是人类喜新厌旧的天性。

当今社会节奏越来越快，消费者对产品

审美价值的要求越来越高，这便要求流行色的更新换代周期也越加缩短。

## 7、名人效应

在时尚界，影视明星、当红歌星、名人名媛都充当着时尚引领者的角色，她们走在时尚的浪尖上，以彰显的个性、标新立异的着装来强化自己的首因效应，如麦当娜等。她们率先接受了时尚塔尖的流行大潮，通过新闻媒体的宣传将最新色彩传递给大众，而人们对时髦的模仿和顺从心理又为新色彩的流行推波助澜，纷纷加入到这拨流行色大潮中，将流行色在更大范围传播开来。

## 8、民族地域因素

国家之间、民族之间由于政治、经济、文化、科学、艺术、教育、宗教信仰、人种肤色、性格、生活习惯、传统风俗等的因素不同，所喜爱的色彩也是千差万别的，流行色的产生往往有民族地域性。

黑色人种会使流行色明度偏亮且对比加强。北美人奔放、自由，流行色的纯度偏高。西欧人尤其法国人较细腻，因而流行色都带有微弱的灰色调。中东的沙漠国家，因为很少看见绿色，几乎所有的国旗上都有绿色的标记。法国人对草绿色有很强的偏见，因为这能让他们想起法西斯的陆军军服。在活泼纯朴，能歌善舞的少数民族中，会流行鲜艳明亮的色彩。在快节奏的钢筋水泥城市中，容易流行纯度不高、低调暗雅的色彩。不同的地域会因地理特征的差异而使流行色呈现微弱变化：比如热带地区阳光充足、气候温热潮湿，流行色的明度和纯度会高一些，而气温较低的地区则相对较暗些，平原地区的流行色柔美和谐，草原地区则对比较为强烈。

## 9、各艺术领域间的交汇和借鉴

流行色的产生并不只局限于时装界，其流行也受其他姊妹艺术的影响。一种流行色的兴起，便会在各个设计艺术的领域内横向传播开来，包括服装、纺织品、装饰品、家居用品、书籍装帧、招贴广告、商品包装、展示陈列、产品设计、多媒体艺术、企业形象等视觉形式，这些领域都会下意识地运用到最时新的流行色，从而使得流行色更为广泛地传播。这种横向传播形式在发达的西方社会尤为强烈。

# 三、流行色的研究机构与预测发布

每年每季流行潮流瞬息万变、精彩纷呈，除了造型、款式、面料等，流行色是其中最为活跃的表现之一。从专业研究机构对色彩的调研、整理，到提案的提出，可窥见流行色的预测与发布这一独特现象。

## 1、流行色的研究机构

1963年，英国、奥地利、匈牙利、荷兰、西班牙、联邦德国、比利时、保加利亚、日本等十多个国家联合成立了国际流行色委员会(International Commission for Color in Fashion and Textiles)，总部设在法国巴黎，它是非盈利机构，是国际色彩趋势方面的领导机构，目前是影响世界服装

表8-1　国际主要流行色协会成员国和组织名称

| 成员国 | 成员国流行色组织名称 |
|---|---|
| 法国 | 法兰西流行色委员会、法兰西时装工业协调委员会 |
| 瑞士 | 瑞士纺织时装协会 |
| 日本 | 日本流行色协会 |
| 德国 | 德意志时装研究所 |
| 英国 | 不列颠纺织品流行色集团 |
| 奥地利 | 奥地利时装中心 |
| 比利时 | 比利时时装中心 |
| 西班牙 | 西班牙时装研究所 |
| 荷兰 | 荷兰时装研究所 |
| 芬兰 | 芬兰纺织整理工程协会 |
| 保加利亚 | 保加利亚时装及商品情报中心 |
| 波兰 | 波兰时装流行色中心 |
| 匈牙利 | 匈牙利时装研究所 |
| 罗马利亚 | 罗马利亚轻工业品美术中心 |
| 捷克 | U.B.O.K |
| 中国 | 中国流行色协会 |
| 意大利 | 意大利时装中心 |
| 韩国 | 韩国流行色中心 |

与纺织面料流行颜色的最权威机构。中国于 1982年加入。国际流行色协会各成员国专家 每年2月和7月召开两次色彩研究会议，每位 成员国首先展示其主题展板，分别对展板里 的气氛图、色块和下一季色彩预测的缘由进 行说明，通过对所选色彩的灵感来源、选择 理由等的讲解，说明其色彩主题概念和形成 缘由。委员会根据各会员国的提案，依据代 表们占多数、相似的意见，在色彩趋势的总 体形象、文字、气氛和色块上达成共识，作 出未来十八个月的春夏或秋冬流行色定案， 制定并推出春夏季与秋冬季男、女装四组国 际流行色卡，并提出流行色主题的色彩灵感 与情调，为服装与面料流行的色彩设计提供 新的启示（表8-1）。

英国是世界上最早设立流行色研究机 构的国家，其后美国、法国、德国、意大 利、波兰也先后设置了类似部门，亚洲有 日本、中国、菲律宾、韩国。1963年9月 法国、瑞士、日本共同发起成立了"国际时 装与纺织品流行色委员会"（International Commission for Colour in Fashion & Textiles），简称Inter Colour，总部设在法 国巴黎。我国是1982年2月以中国丝绸流行 协会及全国纺织品流行色调研中心的名义加 入该委员会。

世界上许多国家都成立了权威性 的研究机构，来担任流行色科学的研 究工作。如：伦敦的英国色彩评议会 （BRITISH COLOUR COUNCIL）， 纽约的美国纺织品色彩协会（AMERICAN TEXTILE ASSOCIATION）及美国 色彩研究所（AMERICAN COLOUR

AUTHORITY），巴黎的法国色彩协会（L OFFICIEL DELACOURLEUR），东京 的日本流行色协会等。此外，一些专门从事 纤维材料研究的国际机构，如国际羊毛事务 局（IWS）、国际棉业协会（IIC）、国际纤 维协会（IWA）、法国流行时装工业组织以 及法国第一视觉（Premiere Vision）、美国 的《国际色彩权威》（International Color Authority）等也参与流行色的分析和发布。

## 2、流行色的预测发布

对流行色的预测涉及到自然科学的各个 方面，是一门预测未来的综合性学科，人们 经过不断的摸索，分析，总结出了一套从科 学的角度来预测分析的理论系统。

流行色的预测需要做大量细致的准备 工作，包括研究色彩学的色彩要素及秩序特 征，研究人们的生理、心理因素，研究消费 者的风俗习惯和消费动向等。因此，流行色 的产生既带有人为的主观因素，又有客观依 据。主官因素是预测者排斥周围环境的影 响，将自己存于记忆中的信息以主观形式表 达的内容，每年的流行色均带有一定的主 观成分；客观因素来源于预测者经常有意识 或无意识地观察生活，购物、旅游、参观、 看电视电影、出席各类社交活动等都可用以 体察时尚背景下的环境、人群、氛围、情调 等，尽管其中不乏个人观点，但这些预测元 素都具有客观性。

由于流行色的延续性特征，因此每季流 行色的发布往往带有上一季流行色的痕迹， 预测者在客观地评估上一季流行讯息的基础 上，选择其中的某一或某些色彩成为新一季流行色的组成部分。

所发布的流行色趋势对市场和消费都具有导向作用，同时也极大地影响着时装的流行。流行色的发布过程如下：

（1）24个月前发布国际色彩

（2）18个月前发表JAFCA色彩（各国发表ICA色彩、CAUS色彩等）

（3）发表IWS、IIC等机构提案（属倾向性的）

（4）12个月前发表纺织、纤维工厂的预测，展示各种材料

（5）发表高级时装的趋势，时装杂志纷纷刊登最流行的信息，各类服饰展示会同时举行

（6）6个月前至流行当季各类百货商店、专卖店、零售店均展示最新商品

## 3、流行色的发布种类

图8-4为某品牌2006年春夏色彩企划稿。

在日常生活中，结合社会、经济、消费等综合分析和研究，有关机构从林林总总的色彩中提取流行色，每年发布1~2次。每次发布的流行色大致可分成以下几个大类：

（1）标准色组

即基本色，为大多数人日常生活中喜爱的常用色彩，每年发布的流行色均有包含，如无彩色的黑、白、灰、红、蓝等色系，如2005年春夏流行的白色系列。

（2）前卫色组

指带有实验性、在不远的将来成为流行倾向的色彩，它们首先为追赶时髦的消费者所热衷，并由这群人率先尝试，进而流行开来，如20世纪末的紫色。

（3）主题色组

主题色组的产生与时尚的流行趋势有关，这些色彩配合服装的风格，因此需要重点的推广，如20世纪90年代初大行其道的休闲风潮，与之相对应的流行色是泥土色、茶褐色、米黄色、森林色等。当2005年60年代主题流行时，橘色、果绿色风行，而2006年和2007年流行主题转至宇宙风貌及未来风格时，金色和银色成为主题色组。伴随着80年代风格的掀起，金色和银色在2008年和2009年演绎为幻彩效果。

（4）预测色组

这一色组并非现在正流行着，而是依据社会经济、人们心理、消费者流行趋势发展等因素作出的未来色彩预测。

（5）时髦色组

此色组为大众所喜欢，同时正在市场上流行的色彩，如2005年古朴的薄荷绿、果绿色几乎出现在各大品牌的设计中。时髦色组既包括即将流行的始发色彩、正在流行的高潮色彩以及即将退潮的过时色彩。

图8-4（1）
第一主题–黄咖色卡

图8-4（2）
第二主题–米白色卡

图8-4（2）
第二主题–米白色卡

图8-4（4）
第四主题–黑色卡

# 09

服装色彩设计作品分析

## 作品一

Christian Dior一直以来都是高贵奢华的象征，是这个风起云涌的高级定制时代的领头羊。在John Galliano的演绎下Dior更具有个性特征，每一季推出的女装都掀起时装界评议的热浪。Galliano擅长营造宏伟瑰丽、充满幻想的场景。作为一名狂热的探索者，他的激情渗透在每一季的设计思想里，并不断地发展完善而自成一种体系。Galliano的设计具有经典的地位，他充满戏剧风格的展示洋溢着历史和文化的元素。

2010年秋冬Christian Dior秀呈现在我们眼前的是具有怀旧气息的骑马装束，设计师将奢华的贵妇形象与中性帅气的流行趋势相结合，设计出气度非凡、魅力四射的高级女装。干净利落的格子短款上衣，内搭灰色茄克，释放出浓重的复古气味，同时也呈现出丰富的层次感。下装配搭宽松白色马裤和硬朗质地的深色马靴，营造出干练的女性形象。

整套服装在总的色彩上，运用了明度对比的色彩搭配方式，以棕色系为主，混合纯白色、灰白色，以高明度的纯白色打破单一棕色所呈现出的沉闷气氛，提升服装整体的柔和度和女性气质。色彩的细节上，设计师精心的安排了冷暖差的微妙对比，帽子和长靴的靴筒边沿的棕色中混合了少许绿色，偏冷色系；长靴中段和大皮包的棕色则添加了红色的成分，偏暖色系，色彩的微妙差异拉开了棕色的层次，视觉效果丰富。白色的处理也值得细细品味，上衣部分白色的格子条

纹深浅交织，与下装大片的白色呼应，相当合拍。棕色和白色的配合充满了淳厚感，稳重而谦逊。在材料上，运用厚重的面料和轻薄的面料进行对比，松紧混搭，有张有弛，节奏感十足。

## 作品二

以代表强烈欲望的紫色加之以蔷薇花主题相搭配为品牌标识的Anna Sui诞生于纽约，其产品具有极强的迷惑力，近乎妖艳的色彩带给人震撼。有"纽约的魔法师"之称的Anna Sui擅长从纷乱的艺术形态里寻找灵感，作品尽显摇滚乐派的古怪与颓废。在崇尚简约主义的今天，Anna Sui逆潮流而上设计中充满浓浓的复古色彩和绚丽奢华的气息，但她设计的服装华丽却不失实用性，大胆而略带叛逆，刺绣、花边、烫钻、绣珠、毛皮等一切华丽的装饰主义都集于她的设计之中，形成了她独特的巫女般迷幻魔力的风格。

Anna Sui2011春夏女装秀发布作品的灵感来自导演泰伦斯·马力克(Terrence Malick)1978年拍摄的电影 Days of Heaven，金色麦田的秀场背景加上有着夕阳日照般效果的T台，为Anna Sui2011春夏女装展示营造了浓重的怀旧氛围。

这款服装，轻盈的印花雪纺裙装飘逸出品牌固有的浪漫气息，搭配以针织钩花开衫、流苏颈饰和翻皮中筒靴，同时带来异域风情。印花面料拼接的连衣裙和针织印花外套的搭配成为亮点。服装以富于变化的印花图案雪纺面料拼接呈现出咖啡色主色调，隐约中泛透出点点橙红色，使大面积的咖啡色充满了律动与生气。搭配的钩花针织开衫运用了不同明度的蓝色，由浅至深共同铺陈出蓝色调，并在袖口大身下摆处点缀以高纯度玫红与橘红色花形钩花，面积不大，与裙装色彩形成呼应，并

与蓝色调形成对比同时打破蓝色的沉静，使针织衫立刻活泼俏皮起来。酒红色流苏颈饰与雪纺长裙相搭配又增添了动感，而靴子的颜色选用了带有红色成分的蓝紫色，与上衣的针织衫形成了联系。

整体配色，大小面积富有对比效果，视觉上既有秩序感而又不失变化，贯彻了Anna Sui一贯年轻、活泼、带有民俗情调的品牌精髓。

## 作品三

　　被誉为国宝级的法国前卫时装设计师Jean Paul Gaultier善于使用混合搭配的手法，将不同民族、不同风格的元素进行组合处理，呈现奇幻的服装效果。他的作品所展示的并不只为了穿着而设计的服装，更重要的是服装带给人们的视觉满足感以及服装所体现出的艺术价值，其设计浑然天成、无懈可击。

　　2010年秋冬系列服装，Gaultier激发了民族元素背后的时尚力量，将非洲原始部落的纹样与都市魅族的艳丽色彩混搭在一起，迸发出超现实主义的戏剧效果。这一款服装，集合了多种民族气质，来自非洲部落的圈形颈饰；带有波西米亚风格的分割线；冰雪之巅爱斯基摩人的毛马甲和带有欧洲骑士意味的腰封设计，被Gaultier玩转在一间服装上。细细品味会发现，承载在复杂元素背后的是色彩上的合理搭配。整套服装以黑红色调为主，参与褐色系、金银色系进行调节，流淌着浓重的异域风情。上装部分，用浓郁的黑色面料为底，绣以民族意味的装饰线，装饰线中的红色元素是整体黑红色调中提炼出来的，与下装亮丽裤袜相呼应。外搭带有毛边的白色小马甲，装饰有棕色的背带和腰封，白色高亮的色感，击退了黑色和褐色的呆板生硬，增添了整件服装的情趣感。带有埃及法老气质的硕大的金色头饰和银色圈形

颈饰、缠着银丝的宽手镯和欧洲宫廷尖头鞋遥相呼应。下装部分，设计师选用了当季最流行的无装饰一抹正红色Legging，与上装丰富的细节形成对比，高纯度色彩与结构上的密集感形成视觉平衡。整体服装配色上，红色与黑色的反差显现出更强烈的性格感，协调中不失高调。黑金的搭配，黑色压住了金色过于张扬的视觉效果，金色作为点缀使服装高贵感倍增。

## 作品四

被杂志媒体封为代表"美国经典"的设计师Ralph Lauren是有着浓浓美国气息的高品味时装品牌，款式高度风格化，其设计师Ralph一直专注塑造心目中融合了西部拓荒、印地安文化、昔日好莱坞情怀的"美国风格"。Ralph Lauren以一种不让生活更复杂化的打扮方式使女性更加美丽迷人，而奉行这样的生活哲学亦让他的时装王国更加成功。

Ralph在他四十多年的职业生涯中设计了无数次的西部元素系列，然而他依然能不断翻出新花样，尤其是他将随意的流苏元素装饰在所有可能的地方，袖子上、领口旁、肩上、胸前、衣摆上、裤腿边、裙摆上。

Ralph Lauren 2011春夏女装系列，延续品牌一贯的风格，融合幻想、浪漫、创新和古典的设计思想于一体，并体现在每一处细节之上：随身摇曳的流苏挥洒着羁傲不驯与自由奔放；宽大的腰封让女骑士们帅气倍增；还有柔美的蕾丝将女性打扮得优雅浪漫，这三样元素贯穿秀场始末，成为重点。

这款服装设计师Ralph Lauren运用了银灰色和大地色系的搭配，给人清新利落的印象。上衣运用银灰色带光泽的面料，通过不同角度灯光的照射呈现出不同明度的银灰，给人以金属的碰撞感。下身通过大地色系中褐色的无光泽面料的运用与上衣形成色彩上

的明度对比，材质上的差异性也显而易见。设计师巧妙的将蓝褐双色流苏设计于裤腿两侧，流苏随着节奏与步伐舞动，同时呼应上衣光感的律动，相得益彰。长裤正面点缀灰蓝色花卉刺绣，在视觉上改变褐色的色相，从而降低其带来的视觉暗沉感受。蕾丝围巾以及金属腰封的运用增加了多明度银灰色的相互呼应及其材质对比，使服装整体上下贯通一气呵成，潇洒而不失柔美。

## 作品五

Dsquared²是著名的意大利品牌，是由加拿大双胞胎设计师兄弟Dean Caten 和 Dan Caten在1995年创立的，创立初期 Dsquared²只有男装，2002年为麦当娜设计了150多套演出服饰后而声名鹊起，继而推出女装系列。Dsquared²女装系列兼具了性感狂野和浪漫随性，具有极高实穿性。

这一套来自2011年春夏的Dsquared²设计，完美的体现了Dsquared²的性感而知性的设计风格。继续上演男装女穿的潮流的同时，兄弟俩还不忘展现女性藏在衬衫下的性感曲线，恰到好处地解开4颗衬衫钮扣，充满含蓄的诱惑。整套服装以一种轻松休闲的姿态展示在人们眼前。上装为舒适的牛仔面料衬衫，不均匀的蓝色混纺面料和随意的褶皱营造出美国西岸轻松的气氛，下装为米白色宽松西裤，给人一种稳重之感。在配饰方面，橘色大皮包，简单的款式迎合了休闲舒适的主题。色彩上，对比色的运用是整套服装的一大亮点，牛仔衬衫的蓝色配合大皮包的橘色，本为对比色的两者在米白色西裤和帽子的中和下，不温不火，和谐有序。不同色系中，暖色系在冷色系的烘托下更为明亮，夺人眼球，橘色就如同绚烂的微笑，描述着穿衣人活泼开朗的性格。细节处，平底鞋的黑色与帽子缎带的黑色相互照应。胸口的中黄色丝巾在蓝色牛仔布料上显得更为亮眼高调。深红色的皮带恰如其分地分散了对比色的注意力，并平衡了服装的厚重感。两个细节处的用色巧妙地使整件服装灵动跳跃起来。整套服装色调上冷暖相间，对比适度，给人个性独立而富有朝气的女性感觉。

## 作品六

20世纪60年代红极一时的意大利品牌 Emilio Pucci，以明亮缤纷的几何印花设计著称，在当时时尚舞台上大放光芒，并在潮流界占有一席之地。Emilio Pucci所树立的风格明显突出不易混淆，擅长将明艳鲜亮的色彩、波普艺术风格的印花图案和柔软轻飘的丝料质材等设计元素融会相交，营造极为摩登的时髦气味，同时带有慵懒气息，是所有新潮女子必备的时髦装扮。

Emilio Pucci 2011春夏女装中带有浓郁的地中海风情，依然延续该品牌鲜艳丰富的色彩世界，以蓝色、橘红、白色等为主，其中蓝白色印花灵感来源于希腊基克拉泽斯群岛（Cyclades）上的建筑。材质上，棉布、丝绸等面料都被专门进行了漂白、蜡染处理，让布料呈现出如同阳光暴晒和海水浸泡后的自然褪色效果。主设计师Peter Dundas运用了紧贴身体曲线的剪裁，在舒适自在的度假风中加入尽可能多的热烈奔放情调。

这款服装出自Emilio Pucci 2011春夏系列，整套服装以明度与纯度较高的橘红色为主，给人以扩张感、前进感的色彩强烈视觉冲击效果。为使大面积同色不显单调，设计师通过上装挺括的面料与下装麂皮质感的面料进行对比，虽是同色但两种面料呈现出的橘红色具有不同的明度与纯度，光泽感也有明显的差别。上装内搭同色系低纯度橘色蜡染面料打底衬衣，使服装整体中富有变化。印花围巾的海蓝色图案与套装的橘红色形成色彩上的互补关

系，亦为点睛之笔。黑色皮包为整体增加了第三种色块，面积虽小但使大面积跳跃的橘红色显得更加稳定。整套服装配色既整体，又不乏细节处理，通过色彩凸显女性的青春和活力。

## 作品七

John Galliano品牌由 John Galliano在1988年在英国创立，这位被冠以"无药可救的浪漫主义大师"名号的服装设计师，于1960年出生于直布罗陀，在混合了母亲西班牙人的豪放与热情性格的同时又继承了父亲英国人内敛与严谨的个性。他善于运用传统的服装款式加以现代的表现手法和制作工艺，力求展示出别具一格的服装风格。他是少有的将服装看成是一门艺术的设计大师，他以富有创作力的设计一次次感动着我们。

2010年春夏的灵感来源于好莱坞20世纪风华绝代的名媛佳丽，演绎着一点鬼魅神秘，一点洒脱浪漫，一点漂浮不定。这套服装主要运用浪漫主义蕾丝元素与中世纪地毯纹样进行搭配。总体配色强调对比关系，凸显出蓝色与橘黄、紫色与黄色这两对补色。肩部露出冰蓝色蕾丝背心的宽边，运用色彩的反差衬托单一的黄色吊带连衣裙，连衣裙以不经意的方式褶皱垂荡，零散的蓝色图案与肩膀的蓝色蕾丝遥相呼应。连衣裙整体色彩包括了中黄色、土黄色、冰蓝色，黄色系不同纯度的搭配，使得图案具有层次感，少许冰蓝色的加入，一方面与蕾丝肩带和袜子的色调相呼应，另一方面使得图案的装饰性更强，细节更为饱满。以黄色为主以蓝色为辅的色彩配比凸显了主次关系，避免了视觉错乱，同时借以银色的头饰和腰带作为调节，减缓了两种纯度较高的颜色带给视觉的冲击。细节的处理也是不容小视的，黑色大烟熏妆配合黑色蕾丝手套，加重了整体的鬼魅气质。偏紫色针织袜和暗红色复古系带高

跟鞋的设计散发出阵阵怀旧气味，让欣赏者深刻的体会到设计师对于过往浮华的缅怀。

John Galliano展示给我们的是一件将艺术与商业完美结合的设计，在色彩设计上其非凡的驾驭能力也值得细细体味。

## 作品八

　　意大利品牌Etro，翻译为中文就是"格调"的意思，是新传统主义的代表。在创立初期，Etro专注于生产高档纺织品面料，他们使用高质量的天然纤维、配以优雅的设计、时尚的色彩和精致的工艺，生产出巧夺天工的精美面料。

　　Etro的成衣系列走民俗路线，设计师擅长将世界各地民间民俗细节融入作品中，使设计充满浓郁的异域风情，2010年Etro秋冬系列正体现了这点。素色和印花交相呈现，高纯度艳色与深黑色兼容。为了传承经典，Etro对其标志性腰果花图案进行了新的诠释，引入了神圣的龙纹，另外还有根据日本武士图像设计的图腾。这些独具民俗特色的元素运用正诠释了Etro品牌的精髓。

　　这款Etro2010秋冬发布会服装整体以红色调为主，运用了纯度与明度都不高的暗紫与绛红色，既有冷暖对比又十分和谐。上装的短袍在款式上设计独特，通过绗缝线迹的疏密形状方向的对比突出短袍的结构，领处及服装拼接处运用红色，具视觉冲击力，与下身裙装形成联系与呼应。上装内搭雪纺暗紫色衬衫，材质上与外套对比，而色彩上又取得统一。下装为绛红色包臀过膝一步裙，两侧印有日本元素的图案纹样，图案的明度又低于裙子的主体颜色，有后退的视觉效果，既修饰腿型又衬托出绛红的艳丽。最值得一提是此款服装搭配的腰饰，它以花形作为腰饰重点同时形成了整款服装的视觉中心，凸显高腰线的同时使服装各元素更加紧凑集中，整体效果稳重又强烈。

## 作品九

　　D&G这一品牌，一向将客户群锁定在年轻富有朝气的时尚界新鲜血液上，他们积极乐观，不随波逐流，有着自己对于时尚的独特见解。D&G设计的服装也应验了这群个性独立的消费者的需求，每一季都推出风格明确，具有极强煽动性的设计作品。

　　2011年春夏这一季D&G的设计灵感来源于花园野餐，满地野花，配合迷人的微笑，经典的田园风扑面而来。这一套服装以白色为底，印制了一簇簇的牡丹花图案，红花绿叶纯度上的强反差在高明度白色的衬托下，更显活泼、生动之感，如同朵朵鲜花在模特摇曳的裙摆上鲜活绽放。搭配上，红色方格头巾和翠绿色高筒靴色彩上都是从服装的主题色中提炼而生的，在视觉上达到了高度的统一。简洁休闲的帆布大包，加重了绿色调的比例，改变了色调上1:1的尴尬比例关系，给色调以主次感，帆布包的绿色在纯度上区别于靴子和绿叶，纯度有所降低，加重了服装整体的视觉错落感，不至于呆板生硬。在细节上，模特徐徐飘荡的秀发，连衣裙的钮扣、腰带和原木鞋底的色彩都为土黄色系，是取材于植物枝干的色彩，与花朵图案有着原生态的关联，回归于田园风格，与整套服装搭配极度和谐。这款设计风格明确，色调明丽，呈现给观众的是一幅浪漫甜美的少女在温和的阳光照射下姗姗而来的画面，清新脱俗、唯美至极。

## 作品十

  Moschino的服装是幽默的，以惯用戏
谑表现方式而著称，有意大利版的戈尔捷之
美誉。Moschino对于服装充满讽刺玩弄意
味，不被市场和潮流所左右，装饰性的色彩
和富有童趣的配饰更是Moschino的象征，而
Moschino Cheap&Chic作为Moschino的二
线品牌更是将玩味道尽。

  2010年Moschino Cheap&Chic秋冬
女装秀延续了以往的轻松感觉，为了庆祝
Maison Moschino酒店在米兰的落成，设计
师Rosella Jardini以及她的Cheap & Chic团
队采用了一种新的"情节模式"来发表她们
的2010秋冬新设计。

  这款2010年秋冬服装，上衣为黑色四袋
立领短款外套，在结构与主色黑色的设计运用
上都中规中矩并无太大变化，但设计师将花
型不重复的一排纹样绣于外套的门襟、领口
及口袋袋盖处，简洁干练的上装立刻轻松活跃
起来。下装搭配的短裙为当季流行的两侧抽缩
结构设计，并将两侧抽带系成蝴蝶结，短裙颜
色汲取上衣绣花处一抹亮粉红，与上装形成了
强烈的纯度对比，这是整款服装色彩设计的主
调。裙侧的抽带为主色黑色，非常干净大方的
呼应了上衣。最巧妙的是设计师为整套服装搭
配了明度和纯度均较高的明黄色手套，虽然明
黄色在整套服装的色彩比例最小，但却起到了
呼应上衣，提高服装整体明度与视觉兴奋度的
效果。黑底彩字手袋、黑色丝袜、光亮黑色铆
钉短靴与黑色上装组成一股黑色潮流，与亮粉
红、明黄色形成纯度反差，同时色彩的节奏感
呼之欲出。

## 作品十一

花卉是Kenzo品牌的遗传符号，在意大利设计师Antonio Marras领跑下，Kenzo依旧专情于花卉元素。不同的是，在恰如其分的花卉运用的同时，设计师还注重创意剪裁和复合面料的搭配，这为Kenzo品牌注入了新鲜血液。如今Kenzo品牌诠释着青年的朝气蓬勃，设计带来一些具有童话般的浪漫和想象。

在2009年秋冬的设计中，设计师Antonio Marras面对2008年经济危机显示出超乎想象的平稳和镇定，用满天的花卉设计带领我们冲进了俄罗斯的乡间小道，领略来自布尔什维克的浪漫情结，用温和的花瓣轻抚晦暗的伤口，让人们充满对未来的美好幻想。这款服装色彩清新雅致，主要以纯度较低的黛绿色和乌木色（暗紫色）为主，加以灰色、灰蓝色、琥珀色、浅黄绿色等作为点缀，在主色调饱和度较低的前提下，运用少许补色修饰，显得稳重而富有朝气，体现出Kenzo品牌一贯的民俗格调。上身为一件黛绿色高领针织衫，规整的横条纹机理效果增添了线性感，带有现代体积感的不规则大宝石，在黛绿色横条纹的背景下，就如同跳跃在领口的音符，轻快自然，韵律感十足。下装部分，长裙选用哑光印花面料，光泽随步伐变化而幻影幻现，倍添动感。在裙身的印花中，我们可以有趣的发现镶嵌在领口宝石的"影子"，颜色上巧妙的呼应，使得服装更具有整体性，这样精妙的设计让我们深刻体会到设计师驾驭色彩的深厚

功底。裙子下缘直至脚踝，拼接硬朗质感的灰色毛皮，与裙身柔软的面料质地相博弈，一刚一柔别有一番风情。整套服装大气凛然，又充满细节，让人回味无穷。

## 作品十二

　　Marni是来自意大利的独立设计师品牌，是迅速走红国际时装界的一个著名品牌。Marni女装以一种"轻松宜人"的风格，将早期的嬉皮风与现代感完美融合，色块的大胆冲撞以及配饰的大胆运用，迅速掳获了全球女性的心。Marni坚持一个设计原则，则是让"女性置身时装中时，感到完全的舒适、不束缚"。

　　作为Marni的设计师，Consuelo Castiglioni的才华不仅仅体现在剪裁、廓型、布料选用等方面，同时还在色彩的选用和相互配搭上，这也是Marni品牌与众不同的特质之一。在2010年Marni秋冬系列以"少既是多"为设计导向，呈现出独具魅力的色彩世界，把一切不可能的配色变为和谐脱俗。

　　来自Marni2010年秋冬系列的两款服装，无论是款式设计还是颜色搭配都有着异曲同工之妙，Consuelo Castiglioni让我们在看似寻常的设计中发现惊喜。前图中，此款服装上衣款式将领口设计成深V领，并运用同为褐色系但不同纯度与色相的牛奶巧克力色的针织与梭织面料相拼进行呼应与对比。下装搭配基本款式的大波浪短裙，但出乎意料的是设计师运用了很少以大面积出现的高明度粉绿色。和着上衣绵绵的牛奶巧克力色，似乎冷冷的粉绿色也泛出了一丝暖意。黑色皮革与白色针织搭配的手套将上下装具有一定色相对比的色彩搭配得更加稳定，大红色皮包、灰白相间及膝袜和裸色踝靴以小色块出现丰富整体色彩。后图中服装款式搭配与前图基本相同，不同之处在于将上衣的深V

领设计成圆领，同样是搭配短裙，此款看似普通的短裙在结构上有着丰富的变化，隐约的分割线和折裥让人们在不经意间发现设计师的独具匠心。上衣设计为浅紫灰与深红色的配色，冷中带暖，颇有性格，下装依旧是大面积的粉绿色，与上装深红色在色彩上形成补色关系，但由于在明度上存在差异，所以在视觉上并不刺眼。颈部的反光项饰、黑色皮革手套、银白皮包、黑灰相间丝袜和红皮鞋的搭配既是整款色彩的补充，又各具个性。

两款服装整体线条干净利落大方，体现了设计师极简主义的风格，色彩的搭配虽有些古灵精怪，却让观者感受到设计师对色彩超乎寻常的把握能力。

## 作品十三

Jean Paul Gaultier在纷纷扰扰的时尚界运用自己独特的艺术品位打造出一片奇幻的设计天地。2010年春夏Jean Paul Gaultier高级定制女装以墨西哥和原始丛林部落为主题，秀场上硕大牛仔草帽、西班牙式披肩、大摆裙、丛林图案、雪茄等墨西哥风情的物品悉数登场，自然少不了Gaultier标志性的紧身胸衣，设计师呈现了一场史无前例的异域视觉盛宴。

这一款服装具有极强的时空穿梭感，运用带有未来机械感的元素与原始部落披挂式单肩连身袍相结合。肩部设计犹如"铁血战士"一般厚重，金属质地的细节处理游刃有余，带给人们挥之不去的想象。宝蓝色披挂裙装采用双层面料，运用斜裁工艺，倍添垂顺感，外层丝光面料星星点点的反射，虚幻唯美，面料散发出的点点光感与金属光泽相得益彰，成就了未来主义与浪漫主义的完美结合。整体设计上，Gaultier运用了繁与简互补的搭配方式，细致入微的金属肩部设计、具有极强装饰性的手臂设计和金属质地罗马靴形式的腿部装饰，与大面积无修饰的披挂式裙装相配合，使人们在咀嚼细节的同时，又惊叹于整体的和谐。配件方面，头发干净利落的编制成小辫子，配合肩部的线条感，顺应了设计的整体风格。整体色彩设计强调宝蓝的单一性，同时与丰富的金属质地色彩交响辉映，与宝蓝色的色彩强对比使整款服装分外妖娆。左耳上的头饰与肩部相连的吊链，似项链又似头饰，打破了宝蓝色披挂的视觉单一感，使得在模特行走中更具动感，就如同穿过时间甬道的使者，伴随着呼之欲出的神秘感向我们走来。

　　服装就是设计师的世界观，Gaultier向我们展示的是一种打破束缚、坚持创造的美。他运用深厚的艺术修养挑战着我们传统的视觉约束，在变化中探究各种可能性。他让我们相信没有不可能的设计，只有没有创造力的设计师。

## 作品十四

Salvatore Ferragamo是以制鞋起家的品牌，创造力、激情和韧性是Ferragamo家族恒久不变的价值观，其服装系列也秉承了意大利的传统设计精神，不但采用最优质的材料，更配合精湛的工艺，时尚优雅与品质质量并重。

品牌主设计师Massimiliano Giornetti2011年秋冬的发布主题更像是Garbo衣橱的20世纪70年代演绎，而非她所处的30年代，70年代正是2011年流行的主题风格。

Ferragamo这款2010年秋冬服装经典且极富品味，并蕴含现代气息，充满生命力，亦不乏高贵优雅。服装色彩整体统一于棕色的暖色系之中，但同时透露出丰富的变化。上衣的针织衫款式简单，运用了两种相邻、纯度和明度各不相同的橙色系，束以极细的同色系橙色腰带，光亮的皮革带出了质感，简洁的款式立刻变得既休闲又时尚。下装是金属质感紫铜色过膝中裙，色调偏冷，但将上装毛衣衬托的更加鲜亮温暖，同时在针织上衣哑光的对比下裙装显得更加突出耀眼。整款配件色彩也极富特点，棕色哑光翻皮长靴将色彩稳定在暖暖的棕色系之中，深咖色棒针针织帽与超长围巾的搭配为整体色调增加了新的变化，皮包则采用极细橙色肩带，与简约腰带形成呼应，精致典雅的细节诠释出现代女性的形象，自由自在、奔放不羁。身着Ferragamo的女性自信满满，与生俱来的优雅在日常着装中彰显无遗。

## 作品十五

　　法国设计师Anne Valerie Hash毕业于巴黎高级时装学院，作为高级女装界的新锐设计师，Anne的设计传达出的是一种理性、智慧和具有时尚感的女性形象，其品牌兼具了舒适度和当代感，将女性的柔美与男性的阳刚揉捏在一起，玩转在半透明与不透明间，缔造出一个现代女性向往的乌托邦世界。

　　2007年春夏高级女装是Anne Valerie Hash第一次发布作品，秀场上呈现的是一幅低调典雅的画面，黑白灰色调诠释了设计师谨慎理性的设计理念。这一款服装，色调上是以灰色系为主的无彩色搭配，通过不同的明度变化，给以视觉前后远近的层次感。设计师大胆运用不同质地的面料，相互碰撞，打破了色彩上的单一格局，营造更为丰富的视觉效果。质地柔和的雪纺面料和较硬朗的西装面料上下分布，制造出随意垂褶与立体褶皱的视觉反差，使得硬挺的面料看似更规整而轻薄的面料更飘逸。细节上，裙装腰头选用了黑色作为过渡，降低了雪纺面料直接过渡到西装面料上带来的突兀感。内搭绸缎衬衫，也是煞费苦心的，它很好的调节了两种极端面料在艺术处理上的生硬感。衬衫在色彩上与其它部分的明度相比有所降低，反衬了雪纺面料上印制的几何图案，使得图案灰白色彩反差拉大，首先跳入人们的视线，框定下了整套服装的主旋律，瞬间主题明确、主次分明。

　　设计师Anne Valerie Hash身体力行，创造着积极睿智的女性形象，她的设计就是在用矛盾化解矛盾，在对比中寻找平衡，从而达到视觉的和谐之美，展示一种毋容置疑的美感。

## 作品十六

Roberto Cavalli是由意大利著名设计师Roberto Cavalli创立的世界知名服装品牌,自20世纪60年代以来,品牌狂野性感的风格成为时尚潮流的先锋,是米兰时尚圈最"野"的品牌。Roberto Cavalli创作中,既凸显出雍容华贵,又强调表现女性的野性、充满欲望的特质,奢华的皮草大衣、民俗风刺绣、图案繁复的粗针织上衣是众所周知的重要单品。

2010年秋冬已是 Roberto Cavalli品牌诞生的第40个年头,作品流露出设计师一贯的奢华而迷人的波西米亚风格。在这个系列中,Roberto Cavalli采用了织锦、德沃尔印花、镶钉皮革、刺绣小羊皮,如此奢华复古令人印象深刻。

这款出自Roberto Cavalli2010年秋冬系列的服装散发着浓郁的奢靡气息,具有Roberto Cavalli品牌的典型特征。整体深蓝的冷色调中,偶尔会有精致华丽的细节跳跃而出。上衣的拼接肌理大翻领短款皮草大衣款式简洁大气,深蓝的色彩更陪衬出奢华气质,以灰黑色皮草拼接对比,深暗色调衬托出浅蓝色压皱围巾,色彩之间极具层次感。内搭黑色基本款T恤,使色彩极具节奏感,有张有弛。下装是设计重点,暗灰色长裤上有金丝立体绣花,色彩丰富并极具冲撞视觉效果,展现宫廷贵族般的精致与品质,复古而高贵。黑色露趾高跟鞋延续了整款的暗黑色调,并与烟熏蓬头齐刘海的妆容造型相搭配。Roberto Cavalli正是以自己独特的颓废方式演绎出了浪漫情调,女性的高贵复古又放荡不羁的性格尽显无疑。

## 作品十七

　　Hermès品牌于1837年在法国创立，早期以制造高级马具闻名。时至今日Hermès已成为一时尚品牌，作品具有独特的女性视角，是法兰西文化与现代女性气质的完美结合。Hermès的服装追求简洁大方、精致优雅品质，能在不经意间流露出穿着者高贵气质和脱俗品味。

　　2007年秋冬的这款服装，运用了中差色相对比的配色方式，追求色彩面积大小的配置效果，显得热情饱满，富有变化。相对于端庄的剪裁和严谨的轮廓，色彩上的反差赋予了服装更多的趣味性，浓浓的棕黄色调占据主流，间杂着军绿色和深藏蓝色，冷暖两种色彩的碰撞给人浓重的盛秋之感。驼黄色的人字呢外套，款式简洁，剪裁经典，勾勒出稳重干练的女性形象。内配军绿色针织连身裙，修身的剪裁和舒适的面料质感，散发着浓重的法兰西女郎的浪漫气质。带有趣味的下摆设计，面料取材于呢子外套，与上装色彩呼应，随意的褶皱和弧线的剪裁，带有一些诙谐的情调，打破了上身硬朗的直线条感，为整套服装增色不少。在前胸视觉显眼位置，设计师巧妙的运用了同色系、不同纯度和明度色彩作为点缀。领口的深棕色围巾和一款琥珀色暖手袋设计，丰富了整款色彩，兼具了功能性和美观性。尤其是暖手袋的设计，Hermès运用独具匠心的设计配合老道的制作工艺，展现着品牌对于皮革制品一向的青睐，跳跃的琥珀色也为整套服装注入了生机和活力。头戴的男式礼帽与整款服装在色彩上形成对比，低明度和纯度的深藏蓝色搭配不拘一格。

　　Hermès主设计师Jean Paul Gaultier在整套服装中将时尚与传统完美结合，尤其在色彩设计上既突出时髦新奇又不乏经典稳重。

## 作品十八

　　针织品王国Missoni品牌有着典型的意大利风格，其服装既复杂又和谐的色彩与图案征服了所有人，许多看起来矛盾的颜色被不可思议的搭配在一起。老一代设计师Ottavio Missoni具有诗人气质，对色彩的掌控如同玩转烂熟的魔方，他大多数搭配来自个人的灵感和数学逻辑。Missoni式的色彩和几何抽象纹样不同于伊夫·圣洛朗红极一时的"蒙特里安样式"，它如同万花筒，没有重复只有风格：条形花纹、锯齿纹样、利用平针和人字纹组织配合而成微微波折的细条纹、肌理凹凸提花马赛克图案……

　　Missoni2011春夏女装如同一场环球旅行，新一代掌门人Angela Missoni从非洲、南美、东南亚等地的民族服饰中汲取灵感，将各地的部落风图案与米索尼 (Missoni) 标志性的Z字形条纹图案组合在一起，斑斓配色使得整场秀如同一首轻松悠扬的抒情曲。

　　高纯度的橙色、天蓝色与嫩黄色色块碰撞，色彩冷暖对比强烈，通过笔直而粗犷的黑色线条

将色彩进行分隔，降低了对比色
边缘的色彩对比度，色彩之间极
富视觉冲击效果同时又和谐稳定。
服装整体上天蓝色占主要面积，不
对称的橙色分布将简单的款式变
得丰富而活泼。头巾与下摆的嫩
黄色相互呼应，整体色彩故事有
始有终，同时嫩黄色的加入增加
了色彩的层次感，调和了对比色
之间的对比度。旅行者式的绑带
凉鞋采用了荧光色的方形鞋跟，
也成为配饰中的一大亮点。

　　同系列后图中的服装虽运用
了基本相同的颜色，但在色彩的
分布排列上却采取了完全不同的
设计。以橙色作为主调，辅以黑
色配衬。黑色宽肩带吊带长裙，
飘逸洒脱，胸前到膝上之间鲜艳
的橙黄色设计为视觉中心，言简
意赅。夸张的方形黑色帽子增加
了整体的廓形感，与裙装黑色形
成呼应。颈饰上小面积的天蓝色
作为点缀与裙身大片橙色形成补
色关系，使暖色调中有冷色的变
化。与简洁的服装配色相反，凉
鞋色彩面积虽小但丰富。装在塑
料购物袋里的编织包，同样色彩
绚丽，蕴含着Missoni不断翻新
的想象力。

## 作品十九

Christian Lacroix出生于法国色彩丰富的普罗旺斯，有着时尚界"调色大师"之称，他始终坚持将奢华演绎到极致，无论是高级定制还是成衣系列，Lacroix作品在融合时尚元素的同时"让旧事物不断地复兴"，他将娇纵的装饰主义融合法式的经典情调，制造出典雅唯美、让万众女性倾倒的华丽裙裳。

这款出自于2006年春夏Christian Lacroix的高级女装，以富贵的嫩黄色调为主，搭配黑色和白色，色彩上洋溢着浓重的复古气息。上装部分，带有Lacroix个人符号性的蓬松雪纺衬衫，层层堆砌，讲述着来自于宫廷闺秀的浪漫故事。外搭嫩黄色小外套，剪裁时尚简洁，极富有现代感，独具皇室气质的经典刺绣图案依稀浮于外套上，给人一种时光交错的感觉。下装的黑白暗条纹西裤，烟管造型，裤脚被设计师精心的处理，隐约间泛起点点星光，延续了整套服装精致奢华的主题。设计师为模特特意搭配的黑白方形小包和细带小高跟鞋，线条感之间紧密呼应，带有几份调皮的意味。色彩上，黑色和嫩黄色明度和纯度上的反差，使得上装部分更为醒目、明朗，富有跳跃感。雪纺在色彩上带有一定灰度，同时具有的透明效果使整个领部设计不至于过于出挑，与外套连同胸饰、头箍、高跟鞋面组成一黄色体系。这套服装充满着少女情怀，就如一朵在春季快要绽放的花蕊，正等待华丽绽放的瞬间。

Lacroix的设计擅长表现宫廷的奢华气

氛，严谨的缝制技术和对于色彩与生俱来的运用能力为我们缔造了美轮美奂的艺术作品。然而，梦想的浮夸总会遭遇现实的残酷，2009年秋冬最后的秀场标志着Christian Lacroix品牌的破产，为这一雍容华贵的女装品牌画上了绚丽的句点。

## 作品二十

Comme des Garcons是设计师川久保玲于1969年创立的品牌，法文意思是"像个男孩"。被服装界誉为"另类设计师"的川久保玲将东西方文化和理念融为一体，设计风格独树一帜，既有日本典雅沉静的传统、立体几何模式、不对称重叠式创新剪裁，又加上利落的线条与沉闷的色调，呈现独特的创意美感，川久保玲不愧是先锋前卫设计师的代表。

2010年春夏巴黎时装周Comme des Garcons秀场上，模特们头顶各色螺旋状"棉花糖"般的彩发出场，令人惊艳不已，向来注重解构理念的川久保玲在本季将焦点移至肩部，整场秀的服装以服装袖肩为设计要素，兼具立体空间与抽象美感。

此款出自其2010年春夏系列的服装可以算是典型代表，上衣解构的灰色休闲西装在肩部胸前分别穿插以拼接、斜裁等处理手法的印花橘红色袖肩，突起的结构使得服装更具立体效果，而不规则的变化蕴含着设计精髓。原本平坦的腰间也被设计为立体袖肩结构，下装搭配以标志性圆点面料的黑底白点的紧身裤，与上衣的圆点印花肩垫相呼应。整体色彩以灰黑色为主，配以高纯度大红色、橘色点缀。上装大红色、橘色位置较散乱，但通过与裤装、裤袜灰黑圆点和黑色搭配，视觉对比强烈，同时富有节奏变化。橘红色皮鞋的搭配增加了整体色彩的平衡感，并与上装色彩相呼应。

## 作品二十一

　　Christian Dior是绚丽奢华的高级女装代名词，在"设计鬼才"、英国设计师John Galliano的主导下完美地继承了法国的设计精髓，运用上等面料，配合创意剪裁，呈现出极具前卫意识的现代设计。在Dior2006春夏高级订制女装展中，John Galliano的设计灵感来源于"赤字夫人"玛丽·安托瓦内特，作品为我们展现了法国大革命时期嗜血奢靡的华丽盛世。

　　这套服装用厚重的皮革演绎着一场血雨腥风，带着凡尔赛宫的华丽和没落贵族的颓废。John Galliano运用爱德华式的华丽装饰配合血染画面的衰败感，营造出Dior特有的浪漫气氛。皮革背带长裙采用了不规则的剪裁方式，运用粗犷的线迹进行缝合，在腰际和下摆进行了精致的反光处理，打破了皮革死气沉沉的厚重感，给人一种奢华的颓废感。内搭单肩双色小礼服，修身的剪裁让人联想到法国女人又爱又恨的塑胸衣，在隐约间呈现女性玲珑的身段。胸口带有爱德华式的大红色十字架，轰轰烈烈，祭奠着逝去的浮华岁月。长裙接近下摆的铆钉金属光泽异常突兀，这一带有朋克理念的装饰点明了设计前卫街头的风格倾向。模特蹬着仿旧皮质的深棕色高筒靴，沉重而稳健。模特僵尸般的妆容、散落的头发，与服装整体风格配合得高度一致。色彩上主要为棕色和大红色，红色的面积较小，但在深棕色的对比下，显得分为夺目鲜艳，特别是拖着的裙身下摆，皮革上的红色涂层，泛着血光，仿佛我们刚刚目睹过一场暴力。大红色给人一种声嘶力

竭的华丽和喧闹，深棕色寓意着颓废和破败，并流露着一种在生于死之间的弥留。纯度的反差，是沉浸在颓败中的张扬。整套服装穿越了路易十六时期腐朽糜烂的生活和悲剧血腥的结局，模特淋漓尽致的演绎着一场华丽的时空歌剧。

## 作品二十二

英国时装设计师Vivienne Westwood被时装界称为"朋克之母"，自20世纪80年代初登上巴黎时装舞台以来，Westwood服装向来具有荒诞、古怪和最有独创性的特性，即使用"颓废"、"变态"、"离经叛道"等字眼来形容她的作品也不为过，她那没有章法、师从街头文化理念的服装常常让时装界大吃一惊。

在2010年巴黎秋冬时装周上，模特们身上凌乱而华丽的裹身衣看似由旧乡村的毯子做成，她们抹着红唇和深色眼影，整体形象充满着派对般充满迷幻感的金属摇滚风。上图中的服装正是来自这一系列，那漫不经心的堆叠搭配是设计师惯用手法。服装整体色调是大面积并不张扬的低纯度淡紫灰色。上衣的Vivienne Westwood标志性的针织毛衣底色是暗紫色，配以深红图案，高纯度群青镶边，丰富多样的上衣明显与素色裙装形成反差。长吊带腰间系蝴蝶结肌理面料内搭蕾丝蓬蓬裙，通过吊带处的浅紫色扎染使灰色中泛出淡淡的紫色气息。此款服装色彩设计的亮点在于高纯度印花橘红色的领子、丝袜和鞋子与胸前针织衫上那一抹群青色的对比色之间的相遇与碰撞，整体色彩鲜活跃然。

Vivienne Westwood的二线副牌Vivienne Westwood Red Label的2010年秋冬女装系列，主题为"关注全球气候变暖"，此次的招牌式混搭形象还是选择了个性剪裁手法和爱不释手的条纹、格纹面料，衣服似曾相识却又新鲜特别。下图中的服装运用了低纯度红色与蓝色格纹有光泽面料，以纯度相当的黄色作条纹，立体结构的上衣与短裙之间进行着浅浅的冷暖对比，毛呢外套的驼灰色压住了低纯度色彩的轻浮感，丝袜和皮鞋的黑色运用有效衬托了服装色彩。配饰帽子的颜色也取自身上的红蓝色彩，但纯度更低。整体上服装色彩之间对比较弱，色调统一而低调。

## 作品二十三

　　当波西米亚遭遇到摇滚，复古奢华遇见叛逆少女，它们集成的就是Anna Sui。美籍华裔设计师Anna Sui给人的感觉是多变而别有趣味，她用熟练的设计手法将艳俗色彩巧妙的回归于雅致，将繁复的细节精确的统筹于整体，她总能潜入女性的心理深处，发掘女性最妩媚俏丽的一面，给予女性更多穿着上的满足感。

　　2010年春夏秀场上Anna Sui呈现出近乎妖艳的视觉震感，这一季借助绚丽的色彩，让我们邂逅在20世纪60年代《Doctor Dolittle》里的马戏场景中。这一款服装乍一看充满了男孩子气，爽朗直率。但细细品味却发现时髦的中性风格后隐藏的是Anna Sui惯有的少女情怀。上装中，略带波西米亚风情的针织背心，呈现利落干练的气质。内搭稍显宽松的雪纺衬衣，女性化的剪裁方式，半透明的质地，隐约中散发着千娇百媚的女性特质。圆领下系着的短领带，橘色的五角星图案俏皮可爱，带着马戏团诙谐幽默的感觉。下装，采用彩条格子小西裤，延续了中性风格的干练。配合橘色漆皮平底鞋，在风格上达到了高度的和谐，高调的材质和低调的设计融合，释放出玩趣的意味。整款色彩呈暖意的棕橘色系。透明的薄纱面料透出肌肤的色彩，呈现肉粉色，变化中更具有灵动感，设计师还独具慧眼的将背心的橘色和棕色点缀到了衬衣的装饰线上，纵向的装饰线呼应了整体色系，同时还使得雪纺在视觉上更垂顺。棕色和橘色的背心在明度和纯度上与下装的格子短裤拉开距离，色彩的轻重缓

急间更富有层次感。整套服装，橘色的运用最为巧妙，虽面积较少且分散，但在棕色的衬托下，饱和度显得更高，张力更强，一目了然。背心门襟、下摆、袋口的深棕色相拼以及短裤暗色格纹，降低了橘色的火气，却触发了橘色极强的装饰感，让人赏心悦目，回味无穷。

## 作品二十四

Sonia Rykiel 是"针织皇后" Sonia Rykiel的同名品牌，品牌向女人表述了"寻求符合自身的时尚而不是跟随时尚设计师的潮流"的概念。设计师Sonia Rykiel发明了把接缝及锁边裸露在外的服装，她去掉了女装的里子，她甚至于不处理裙子的下摆。在Sonia Rykiel每季的纯黑色服装表演台上，鲜艳的针织品、闪光的金属扣、丝绒大衣、真丝宽松裤及黑色羊毛紧身短裙均散发出令人惊叹的魅力。

2011年春夏的Sonia Rykiel的秀场色彩缤纷，轻松欢乐，和其他品牌不同的是，模特们不再是一副酷酷的不苟言笑的脸庞，而是在走秀的同时，带着大大的温暖的笑容，这正是Sonia Rykiel向女性传达着快乐趣味的穿着理念，快乐天使女孩形象是这一季的主题。

此季服装色彩以拼接处理和撞色为设计重点。上图低纯度高明度的西瓜粉色拼接肉色抹胸结构和土红色短裙结构，腰间以黑色宽束腰结构相隔，色块激情碰撞。色彩整体处于高明度暖色调中，清新大气，拼接的结构设计使得简洁的款式变得丰富多样。紧身针织裙活力四射，腰间的设计以及渔夫帽的抽绳末端的流苏设计是整件服装的视觉中心。

同一系列的另一款服装廓型宽松，整体色调呈欢快的黄色系。针织上衣以大红、桃红、蛋黄、米白粉色和黑色不规则排列撞色，搭配以浅驼色梭织高腰五分裤，侧缝加以黑色钮扣装饰，增添了复古气息。橘色宽边绑带坡跟鞋大方随意，并与上装色彩形成呼应。抽绳的渔夫帽在流露闲适韵味的同时更体现出品牌独特的内涵魅力。服装整体给人以自由无拘的感觉，仔细体味之余似乎能闻到快乐的味道。

两款服装色彩明亮清新的气息带着春意与愉悦扑面而来，在暖色调中变换着色彩的节奏，通过暖色系与小面积黑色的碰撞搭配，巧妙的通过对比使审美视觉不易疲劳。

服装色彩设计
FASHION COLOR
DESIGN
第九章
服装色彩设计作品分析作品

116

## 作品二十五

美国设计师Betsey Johnson擅长用各种绚丽的颜色描绘出调皮、活泼、甜美的女性形象，其秀场向来堆满了明快色系，款式前卫奔放。走年轻、街头路线的Betsey Johnson青睐于低胸设计、中空款式、紧身剪裁、荷叶边与蕾丝，她将俏皮的美国女生形象演绎得淋漓尽致。

2011年春夏，Betsey Johnson演绎的依旧是一场色彩狂欢的盛宴，但不同的是设计师开始迷恋于各种弹性纤维运动装，被拆分的单车部件和滑板被带上了舞台，成为让人匪夷所思的服装配件，极富创造力。图中这款服装带有深刻的美国女孩印记，俏皮的彩色涂鸦印花融入碧蓝的弹力面料中，荧光色系的搭配组合轻快明亮，让人仿佛纵身于电声音乐的海洋。利用弹性面料进行精妙的连身剪裁，贴体而舒适，带有美国街头摇滚的洒脱和不羁。色彩的繁复和款式的单一是绝妙的组合，多种艳丽色系的撞击化解了款式的单一，款式的简洁轮廓反而突出了以色彩为主题的设计风格。红黑条纹的裤袜加强了腿部的线条感，色彩上与碧蓝色处于同一平面，但通过图案的繁简，反衬了上身面料的印花细节，腿部的线性感和上身的点状图形形成很好的互动反差，点线面的结合丰富而美观。配件的精妙点缀更是妙趣横生，艳红色成为主要配件的颜色，露指机车手套、蝴蝶形三角眼镜、口哨、腰带色彩均呼应了裤袜，在趣味中展示着少女的几份玩酷和叛逆。红色的腰带设计分割了碧蓝色的连体衣，视觉上使得人体比例更协调美观，节奏

感更强。淡黄色的头巾是整套服装的点睛之笔，因为色彩出自连体衣的印花图案中，同时又与上装蓝色形成对比关系，巧妙而不生硬，高亮的淡黄色就如平面图形上的一点高光，让整套服装刹那间立体起来。

Betsey Johnson在作品中大胆运用了饱和度极高的冷暖色系进行对比组合，精巧细腻的色彩关系处理，鲜活刺激，充满朝气，将人们带入了充满激情的时尚世界。

## 作品二十六

Paul Smith是英国时尚品牌，其最受人追捧的便是内里的些许叛逆精神——表面是绅士却偷着"耍坏"——这也是设计师Paul Smith的英式幽默。Paul Smith的设计风格不像大部分英伦设计师般天马行空，相反，Paul Smith是一位稳重踏实却满有创意的设计师。他忠于传统绅士服的精细剪裁，配合独特的色彩及印花运用，还有如彩虹幻变的二十四色条子，不但融入服饰及配件设计上，还用作印制精美的纸袋，成为品牌一大标记。

Paul Smith 2011年春夏系列女装秀刮起一阵叛逆的中性风，设计师选择"GIRL IN BOY"作为本季的设计理念。女孩们打开男友的衣柜，翻出西装、条纹衬衫和马甲，穿上一双牛津鞋，拎起方方正正的手提包，"飞机头"的造型更使中性叛逆气质发挥到了极致！这两款均出自Paul Smith 2011年春夏系列，上图上衣宽大的带有金属光泽灰色色调的衬衫，袖口挽至中袖，中性味十足，搭配紫灰色七分西装裤，虽然是偏冷的紫灰色但仍带来一些女性气息。上身宽大的男友式衬衣与合体的西裤在廓型上形成反差，同时色彩呈一定的色相弱对比。方形的大公文包更是显示出理性与硬朗，黑白相间围巾的随意佩戴既中和了灰色与紫色的碰撞，又起到了领带的装饰作用。黑色墨镜与尖头皮鞋冷酷而犀利，整体造型紧扣主题。

下图一款服装整体为西服套装，整体色彩呈深灰色调，以黑色协调服装的各部分。款式简洁但细节丰富，无论是西服上衣的花式驳领还是印花衬里都在隐约中传递出女性气质，在色彩上与素色的外衣形成鲜明对比。内衬的黑白条纹衬衫既干练又休闲，黑色斑点领带的随意系搭呼应了黑色墨镜，完美塑造了反叛不羁的形象。

后记

在本书即将再次付梓之际说明几点：

1、从事服装设计教学已二十余年，课余为各类企业设计服装，其间出版了《时装效果图技法》《服装设计》《时装风格设计》《时装设计鉴赏》等书，也一直想写一本有关服装色彩的书籍，但已出版服装色彩书籍各具特色，自成体系，使我颇感压力。东华大学出版社编辑的鼓励让我徒增信心。出于对实际运用的考虑，我希望这本《服装色彩设计》更加注重直观感受，使读者能在最短时间内掌握色彩设计原理，因此在书中安排许多图片，并加注了色块，阅毕一目了然。此外，最后一章选取了世界顶级时装设计师的二十三款设计，进行了详尽的分析，这也是本书与众不同之处。

2、上海视觉艺术学院的夏俐老师参与审稿并撰写了第四、五章的文字、我的研究生于宙参与了本书的第二章和最后一章的文字编撰工作。

3、值此修订再版之际，向被本书援引或借鉴的国内外文献的作者们表示诚挚的感谢和深深的敬意。本书错漏和欠妥之处难免，恳请同行和读者不吝指正！

陈彬

2021年11月1日于东华大学